匠心獨具！懷舊風木工傢俱改造

interior made from scrap

伊波英吉

iha eikichi

Prologue
序言

開始製作前

在本書中凝集了改造廢棄家具的知識訣竅，
以及到目前為止我在製作過程中所發現的事、
感到有趣的事還有感動的事。
請各位務必發想出屬於您自己的創意，
然後挑戰實現物品的製作！
用心、愉快的氣氛下所完成的作品，
應該會是最重要、最珍貴的。

關於製作出有趣、創意物品的訣竅

自由地創作
悠閒、悠哉地創作
邊幻想邊創作
不假思索就實驗看看
也試著模仿看看
塗漆要在放晴的星期天
不要想著失敗（因為會降低注意力）
其實從失敗中成功才更有趣
不要追求完美
其實這包含著各種意義，總是適當就好
最後，邊喝咖啡邊眺望自己的完成品
然後讚美一下自己
（能夠被讚美的話，會更好）

——還有最重要的是，收集夢想、希望以及素材（包含廢棄品）

那麼，就請您儘情地悠閒地閱讀吧！

Contents

Interior Style 2.
紐約時尚風的黑色室內裝潢

Interior Style 3.
純白風格的室內裝潢

Interior Style 4.

普普風的室內裝潢

Style of work

伊波製的風格

Basic Material and Tool

基本材料及工具

介紹本書中所揭載的家具製作時所需的材料及工具。
首先，要準備各種您所喜好的彩色塗料以及數支大小尺寸的刷毛。
只要具備這些，就可以挑戰製作由廢棄物改造的家具。

{ 伊波製的必需品 }

只要有它就萬事OK的材料

要將東西改造成有味道的仿古風格，
最要講究的就是塗料的選擇。在這裡介紹的是，
連想像中細節部分也能呈現出來、我常使用的幾樣材料。
伊波製的家具，就是用這些材料所調味出來的。

蠟(wax)

通常我所使用的是『BRIWAX』的蜜蠟。製作有色蜜蠟的廠商很少，所以我將其視為珍寶。和亮光漆有些不同，自然的亮度是其魅力所在。

乳膠漆

具有其他塗料所沒有的獨特色調，是呈現仿古風格不可或缺的水性塗料。砂紙打磨後的色調佳、容易上漆也容易剝離，容易加工是它最大的魅力。

壓克力水性塗料

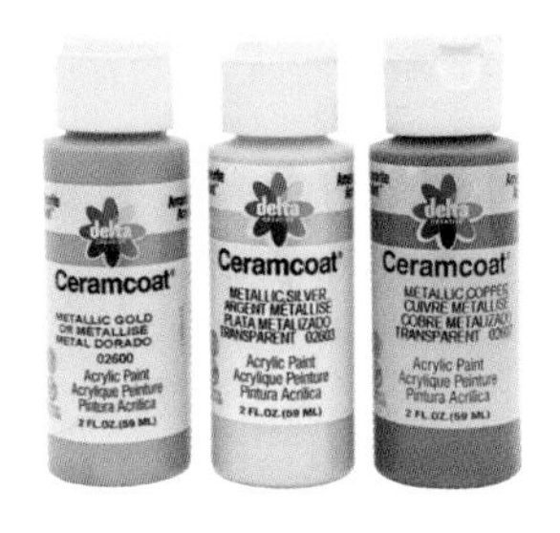

木器彩繪中所使用的水性塗料。快乾、容易重疊上漆、乾燥後即使碰到水也不會溶解是它的特色。在本書中，會在表現黃金或青銅等金屬的細節時使用。

水性塗料

有著乳膠漆沒有的原色、不用亮光漆但想呈現光澤時、就使用具有光澤的水性塗料。出產水性塗料的廠商多，顏色的種類也很豐富，所以很容易入手。

仿古漆

上漆後呈棕色、是一種能夠表現仿古風格效果的油性塗料。基本用法不需混合原液、直接用刷毛或海綿沾取後薄薄地漆上即可，搭配龜裂漆一起使用的話、更能體會具有深度的質感。

著色劑／稀釋液

木材不上膜、而是用透明著色劑就有保護木材的效果。著色劑的顏色有10種以上，但本書中主要使用的是柚木色。另外，最近也出現了水性著色劑。塗料顏色太深時，可以用塗料用稀釋液來調整。

龜裂漆

龜裂漆是能夠使油漆表面呈現龜裂效果、本身無色透明的水性塗料。在底漆上塗上龜裂漆、然後再塗上與底漆不同顏色的塗料後，就能體驗底漆及加工後兩種色澤的樂趣。

首先，就從最低限度必備的材料及工具開始

在這裡所介紹的材料及工具類，都是我工作室內通常作業中使用的東西。像是刷毛與塗料，並不是特別高價的產品；而鐵鎚和鋸子等等也都是日常生活中會使用的工具，就準備以備不時之需吧！但是，並不需要一開始就把所有東西購齊。使用扳手馬上就能提升作業效率，我雖然非常推薦各位使用，但是這些工具就好比電器用品，如果不瞭解正確的使用方法，也會是生活中高危險性的工具。首先，以製作物品時必要的塗裝材料或工具為中心，一一準備齊全吧！漸漸熟練後，自然地就清楚哪些是必要的東西。另外，電動工具容易會有噪音或振動的問題，所以依據工作場合來選擇適合的工具是必要的。

要完成本書中的作品，最重要的因素就在於塗料的選擇。除了顏色的質感，根據各種塗料的特徵、作業的難易度及加工完成的細節也都會有所差異。我最常使用的塗料就是乳膠漆，它具有其它塗料所沒有樸實柔和的色調、剝離時容易作業、味道等等，綜合來說我認為它是最好用的塗料。當然，如果您想要呈現光澤感、或想要表現原色及金屬的細節時，那麼就使用具光澤的水性塗料或塑膠彩。

在很多作品中所使用的生石灰，在大型購物賣場也買得到，但一袋生石灰的量很多。生石灰能夠生成含有水分就發熱的熟石灰，然後逐漸凝固變硬。如果使用量不大的話，可以將它放入糖果袋中作為食品用的石灰乾燥劑。因為它可能會呈現顆粒狀，記得將它磨碎成粉狀後再使用。

製作成品的方法，並不是只有一個。漸漸習慣製作後，試著找尋能夠表現自我風格的材料或工具吧！

生石灰

氧化鈣。在我們周遭環境中，常作為食品乾燥劑或於運動場上劃線時使用。在本書中，用於呈現砂感、或者混合在塗料中增加塗料的厚度。

砂紙／木工用接著劑

砂紙是用來磨平木材表面，或進行材料些微長度的調整。切削木材或剝離油漆時用60～100號砂紙、剝離生石灰或加工時使用180號砂紙。木工用接著劑，在接著木材時使用。

金屬底漆・塑膠底漆

不管是金屬底漆或者是塑膠底漆，都是作為油漆附著力差之素材的底漆。金屬底漆，主要用於不鏽鋼、銅或黃銅等非鐵金屬。塑膠底漆主要用於塑膠素材。去除表面髒汙、油分後再使用。

{ 伊波製的必需品 }

只要有它就萬事OK的材料

首先，是為了上漆或鎖緊木材的螺絲而收集了這些必要的工具。
只要具備了這些東西，幾乎就能製作出本書所揭載的所有作品。
一開始，只需要準備真正必要的材料就好了。

刷毛

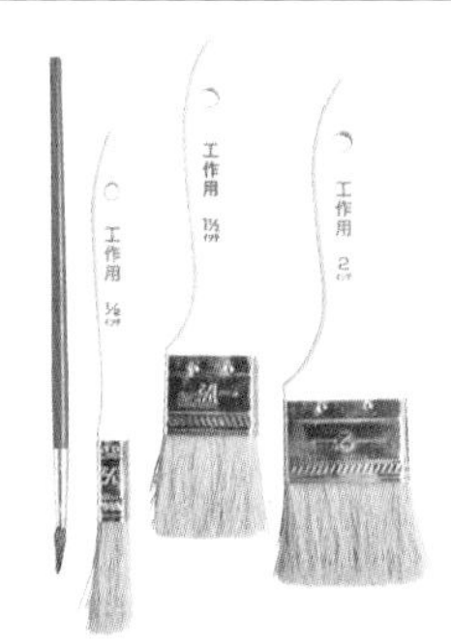

在塗抹塗料時使用。比起大型刷毛，能有效率轉動的刷毛比較好用。2吋或1又1/2吋的刷毛，多用於塗抹家具時。較細的刷毛在細部或模板上使用時非常便利。

量尺類

為了讓作品更完美，正確地測量是很重要的。L型量尺在畫直角或45度線時使用。如果具備長短量尺各一會更加便利。

抹布及容器

抹布是擦拭塗抹在作品上塗料及油性著色劑的必備品。容器則是用來裝塗料或水。

吹風機

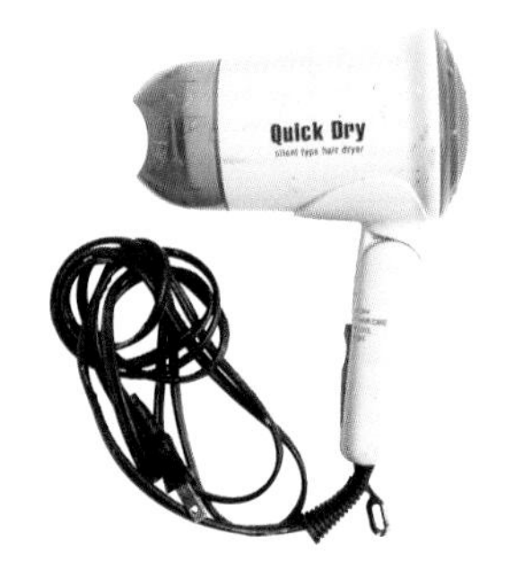

用於重疊上塗料時。為了要進行下一步的工程，將塗料完全吹乾是必要的。其實讓塗料自然風乾就可以了，但希望塗料早點乾燥的時候，使用吹風機會比較方便。

鐵鎚

鐵鎚一般是打釘子的工具。在本書中，組合木材時會使用螺絲，鐵鎚常在釘圖釘或破壞木材時使用。

鋸子、鉗子類

鋸子有雙邊鋸和單邊鋸，現在以單邊的萬能鋸為主流。現在替換式鋸子種類也增加了。鉗子是可以抓住物體前端、然後切斷物品的工具，也常來擰緊金屬物品。

針眼錐與穿孔器

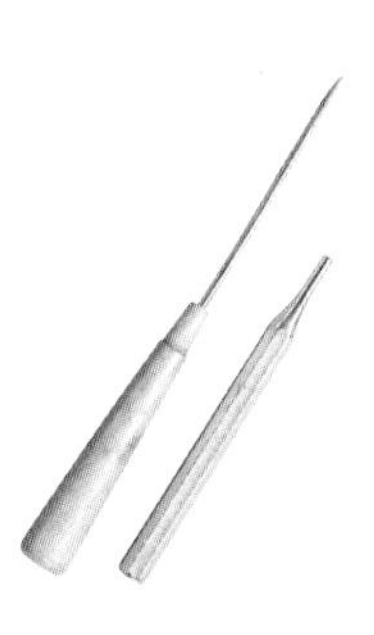

針眼錐能穿透重疊好幾層的紙並在上面開洞，穿孔器是用於將金屬板開洞或在開洞位置做記號的工具。在本書中則是作為破壞木材的工具使用。

噴槍

市售裝著卡式瓦斯罐的料理用噴槍，在呈現料理的微焦感時、或在戶外活動時作為點火裝置來使用。在本書中則是用來燒木材。使用時，請務必確認周圍的安全，並在屋外使用。

電鑽

電鑽在開洞於金屬或木材上時使用，分為充電式無線電鑽和有線電鑽兩種。使用有線電鑽時必須要確保電源，那麼電力就能持續。

電動起子與鑽頭

在大量鎖付螺絲時使用電動起子，雖然專用於鎖付螺絲，但也可以用來鑽洞。鑽頭除了螺絲起子的鑽頭，另外還有鑽孔切削鑽頭或套筒板手鑽頭等。

{ 伊波製的必需品 }

有了它會更便利的工具

這些是我推薦給真正想要開始學習木工的人所使用的工具。
在手動必須使用勞力的作業上使用電動工具的話，
會有意想不到的樂趣。
但是，電動工具往往會發出較大的聲響和振動，
使用時也不要忘了考慮周遭的環境喔！

釘書槍

釘書槍是大型的釘書機，在更換椅子表面或釘薄板時使用。釘書針的種類有很多種，本書中所使用的是釘模具用的L型針。

圓鋸機

圓鋸機用來直線鋸切木材，在大量切割木材時或切割厚重堅固的木板時相當便利。因為圓鋸機對於初學者來說操作上較為不易，請各位熟悉操作電動工具到一定程度後再使用。

研磨砂紙機

研磨砂紙機也就是電動挫刀，裝上砂紙後利用振動來削磨木材表面。研磨部分有平面用的四角形、適用於曲面的圓形還有適用轉角的三角形，作為第一台研磨砂紙機的話，我推薦四角形的平面研磨砂紙機。

線鋸機

線鋸機是利用細長的鋸片上下移動時將木頭切開的電動工具。不只是直線切割、就連曲線切割時也是不可多得的寶物。只要交換鋸片，金屬或塑膠等物品都可以切割。切割時速度比較慢，相對來說比較安全。

{ 伊波製的必需品 }

作為重點使用的材料

製作時選擇容易使用的材料是很重要的。
這裡所介紹的螺絲，是我大力推薦、初學者容易上手的材料。
或者是，在改造家具的加工過程中，
想要用上自己非常講究、用心的金屬配件。
我們用仿古風格的螺絲、釘子甚至裝飾條等物品，
讓完成作品更上一層樓吧！

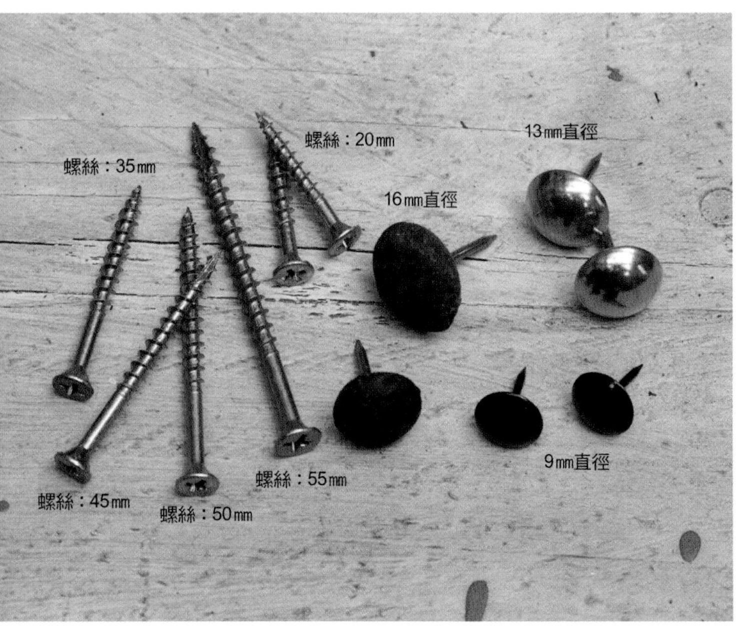

螺絲

固定木材時不可缺少的就是螺絲，雖然具有相同用途的還有釘子，但是以初學者來說，我推薦容易固定、在敲打時不易失敗的螺絲。螺絲有各種長度，依據木材的厚度來挑選使用。

裝飾條

所謂裝飾條，就是用細長帶狀的裝飾用建築材料，來修飾建築物的壁面或家具的細部。裝飾條有木製和樹脂製，本書中將木製裝飾條用於窗架或鏡框等物。初次使用容易上手、也容易取得的是寬度較細的種類。重疊使用的話，會有厚度和立體感，營造出華麗的氛圍。

半圓釘（塗裝加工品）

半圓釘，是頭部呈半圓型的裝飾用釘子。圖中有上漆過的半圓釘，是我自已用含有石灰的塗料漆上的。希望使用大量半圓釘來呈現仿古風格時，便可以使用這種半圓釘。

半圓釘（未塗裝）

當作品要在釘上半圓釘後上漆時，就使用未塗裝的半圓釘。或者用挫刀剝落鍍銅、浸泡於鹽水後使其生鏽。被塗黑的半圓釘，用細的砂紙擦拭出金屬感，更顯質感。

古釘

印度的裝飾釘、美國的螺絲釘、日本的釘子等，古釘都是手工製。將古釘淺淺地釘上，此時不作釘子使用、當作掛鉤使用別有一番風味。

仿古風圓釘

仿古風圓釘，獨特的風格是它魅力所在，但是隨著時間流逝，容易變得脆弱易碎。因為多是手工製，所以也容易彎曲，因此在釘釘子時，可以先打洞並慎重使用。

幫家具畫上有深度的表情
那麼就挑選有味道的材料吧！

裝飾條是貼附上家具的裝飾邊，像是釘在細框的鏡子上增加厚度等等，是一樣讓家具呈現仿古風的便利材料。

如果在家具上釘上仿古風的圓釘或釘子，那麼家具的質感就會馬上提升一級。我外出時只要發現仿古風的圓釘或古釘，就會竭盡可能地購入收藏。但是，古董的數量並不多，所以，只能在”對了，就在此時！”靈光一閃時，重點式的使用。如果你真的很想要大量使用相同形狀的圓釘時，那麼利用現成的半圓釘是最方便的。將鍍銅的古釘用砂紙擦拭、或者加工讓它呈現生鏽感、亦或是試著自己上漆看看。正是因為花心思的手工作業，讓它們能成為具有獨特風味的釘子。

{ 伊波製的必需品 }

帶來不同感覺的古董配件

歐洲、日本、泰國、印度、美國
世界各國所製作的古老門把、把手、蝴蝶鍵片等配件。
圖片的這些配件，是我開始自製東西之後慢慢收集而得的。
照著你的創意，也可以將它運用在原來計劃外的物品上。
這樣隨性的思考方式也是一種樂趣。

1.門把

在德國跳蚤市場中販賣的是黃銅製的門把。好像煙燻過鈍而不利的風格，這不正就是古董嗎。

2.門鎖

圓形的門鎖是獨一無二的德國製黃銅門鎖。左上方長型的鎖也是德國製。這是常常使用在穀倉的形式，也是我個人非常喜歡的收藏。

3.把手類

把手的不同，會改變家具的形象。這種把手也能使用在自然田園鄉村風的櫥櫃上(參照p.54)。

4.蝴蝶鍵片

長形的蝴蝶鍵片，是使用在幅度寬的門上。它不是作為蝴蝶鍵片、而是當作裝飾品使用，或者你也可以在連結木頭時使用。

5.工具類把手

鐵製的老虎鉗或板手常給人厚重的印象，圖中黑色粗糙的物品是美國的木工刨。把這個當作把手的話，應該會很有趣。

6.門栓

鐵製的古門栓。這是在印度作的門栓，實際運用於倉庫。比起家具、我更想試著把它運用在厚重的門上。

Basic Technique

基本技巧

本節中將介紹本書中所使用的上漆基本技巧。
只要記住了一般的油漆法，之後就依照自己的概念來安排！
來吧，來享受只有自己才能創造出的原創作品吧！
那麼，請您務必試試我最喜歡使用的乳膠漆。

Basic Technique 1.

塗裝的基本技巧

如果要徹底改變家具的細節，
使用塗料來創造出獨一無二細節的技巧是必要的。
我將會從DIY工法開始，進而介紹到我自己原創工法的基本技巧。

{ **上漆技巧①** }

上漆

均勻地上漆、不產生色斑的上漆技巧

上底漆或面漆等
都是塗裝技巧基本中的基本

此技巧常運用於上底漆時，但如果在上面漆時也想確實地呈現塗料的存在感時，那麼就用此方法上漆吧。塑膠或者表面光滑的SPF材等材料，因為塗料不容易附著、白色材質只上了一次漆後也完全看得見底色，像這種時候就等塗料乾了後再重疊上漆吧！

1. 平均地上漆

用乾刷毛沾取塗料，從同一個方向向外塗。

Finish Detail

一口氣塗滿它
呈現出飽和的色調

整個塗完後，讓它自然風乾。若是上底漆，
在之後可以再塗上壓克力塗料或油性著色劑。

2. 烘乾塗料

進行下一個工程之前，請務必風乾塗料。
趕時間的狀況下，也可以用吹風機吹乾。

{ 上漆技巧② }

潑漆

凸顯作品風格重點的裝飾塗裝

想增添微妙的差別感
又想呈現髒汙感時

塗潑灑塗料、或滴上塗料的這種方法，是加工裝飾塗裝的一種。實際上要呈現隨意的風格，將斑點加大、隨機地散落其上。在本書中，我將此運用於純白色的椅子上(請參照p.96)。

當然，也有做出很多細小斑紋的狀況。這是自古以來在歐洲等地盛行的技巧，在塗了壓克力塗料銅或金的木製框上，用黑色的塗料加上細小的羽毛，使它看起來就好像是被蟲蛀了般的錯視畫。是可以運用在自然鄉村風的框架(請參照p.34)或純白的鏡框(請參照p.101)等作品的技巧。

1.上底漆

和上漆技巧 一樣，塗滿塗料後、再風乾。

2.潑漆

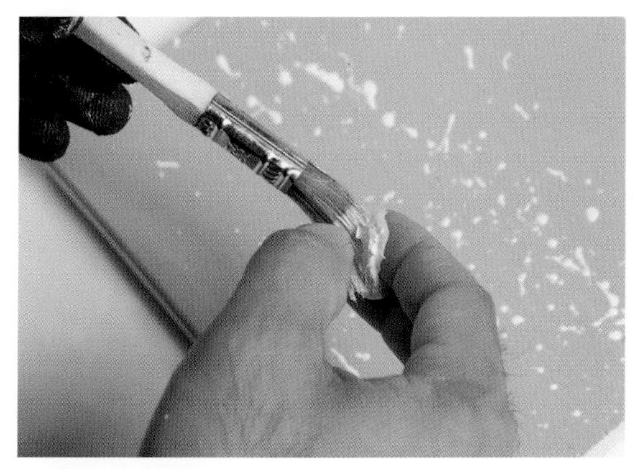

將細刷毛沾取大量的塗料，用手指一彈、
將塗料潑灑在上面。

3.隨意潑灑上的漆就好像是斑紋

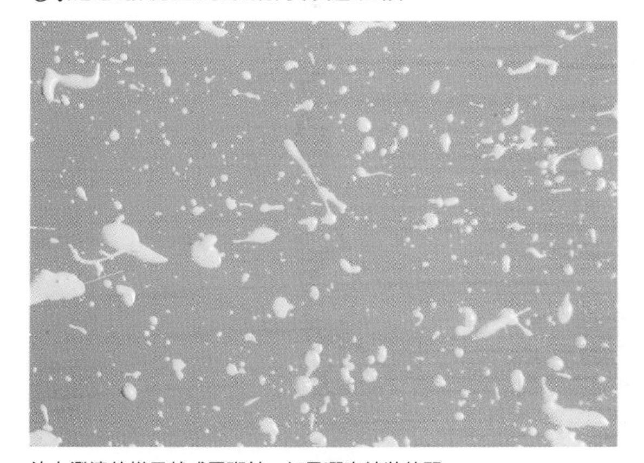

沾上潑漆的樣子就成了斑紋，如果灑出線狀的羽毛時，就完成了具有真實感的加工風格。

4.另外還潑灑上另一種顏色的漆

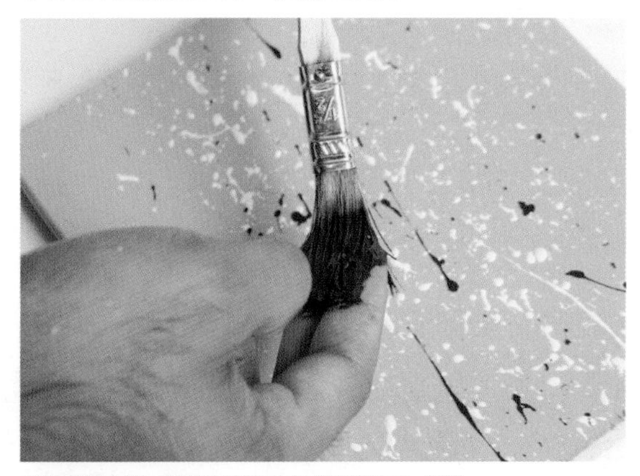

如果潑灑上和一開始完全不同色調塗料的話，那麼
對比的效果會更明顯。

5.滴灑塗料

扭擠刷毛、使塗料一滴一滴灑下的自然風。
跟潑灑的作品有著截然不同的風格。

Finish Detail

呈現出對比、凸顯雙方的色彩

有厚度的塗料、如果就這麼風乾的話，那麼表情會更豐富。
斑紋的顏色，要選擇和底色有對比效果的顏色。

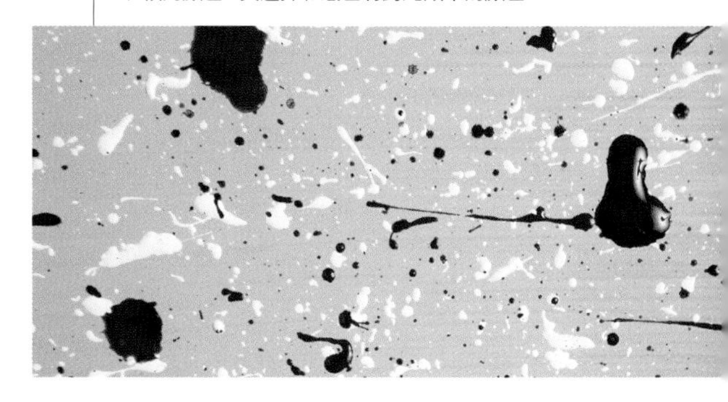

{ 上漆技巧③ }

用乾擦法來點觸上漆

想要呈現顏色的漸層感時

仔細、小心地點觸上漆
來呈現生鏽或掉漆的質感

這是將刷毛垂直、點上兩種以上的塗料使其漸漸重疊的技法。塗抹牆壁時，也可以使用海綿來進行這種塗裝方法。用白色、米色、淺咖啡色塗抹的話，就會呈現褪色掉漆般的感覺。如果用綠色、深藍色、黑色來作漸層的話，就會有豪華感。因此使用不同的顏色，能呈現完全不同的風格。在本書中，我就用此方法塗裝了純黑的吊燈(請參照p.70)等物品。

1.將紅色塗料一點一點地點上

以刷毛前端沾取少量塗料，輕輕地敲打使顏色沾附其上。

2.用黑色塗料重疊

用黑色塗料重疊上漆。如果刷毛彎曲的話，就無法完美呈現細節。

3.然後，再塗一次

一邊維持兩色的平衡、相互的重疊兩色，
用顏色塗滿所有的空間。

4.上漆完畢後，風乾它

上漆完畢的話，為了要讓接下來的工程能夠進行，
要確實地風乾塗料、讓塗料固定。

Finish Detail

紅與黑、用兩種不同顏色的塗料，
來完成生鏽鐵器的風格。

強烈表現出紅色、黑色或各種顏色各自的特色，
或者微妙地將紅與黑組合表現也可以。

{ **上漆技巧④** }

上油性著色劑

在塗料上面塗抹油性著色劑來表現長年的髒污感

依據油性著色劑乾燥狀況的不同
加工的細節也會有所變化

本來，油性著色劑是一個能滲透木材、目的是用來保護木材的東西。在本書中，主要是在裝飾條或木材縫隙中殘留油性著色劑的顏色，使作品呈現出髒汙感。重疊上漆時第二層的漆都是上在第一層的塗料上，所以不會滲透到木材的油性著色劑便能凝固在塗料之上。凝固前用布擦拭的話，隙縫中就會殘留較深的顏色，而用布擦拭過的部分，裝飾塗料的顏色就會薄薄地殘留其上。如果，油性著色劑過度凝固、而造成用布擦拭也才擦不起來的狀態時，那麼就用布沾取稀釋液試著擦拭看看吧！

1.上底漆

平均地大範圍地將塗料塗滿有縫隙的木材

2.塗上油性著色劑

上漆完成、等到塗料完全風乾後，
再使用刷毛塗上油性著色劑。

3.用乾布擦拭

塗上油性著色劑後，馬上用乾布擦拭表面。

4.隙縫中殘留了油性著色劑

平面上的油性著色劑幾乎都被擦拭掉，只有細縫中
殘留顏色。這種技巧與方法經常被使用。

5.風乾油性著色劑

要保留油性著色劑的顏色時，在步驟2塗完之後，
風乾至觸碰表面會黏手的程度。

6.擦拭油性著色劑

用乾布擦拭。著色劑完全凝固時，
可以用沾有稀釋液的乾布來擦拭。

Finish Detail

呈現出帶有經年累月汙漬的變色感

油性著色劑快要凝固時用力地擦拭，
就會呈現出不修邊幅的狂野風格。

1.上底漆

將底漆均勻塗滿後風乾它。

2.準備水和生石灰

準備水和生石灰，來製作含有生石灰的塗料。
比例是10ml的水中加入10g的生石灰。

{ **上漆技巧⑤** }

混合生石灰來上漆

用以表現粗糙感、塗料的厚度以及凹凸感

生石灰使用階段的不同所呈現出來的細部內容也會有很大的變化

使用混入生石灰塗料的塗裝法時，光是塗料本身是看不出差異、但是風乾後的細節或粗糙感就有所差別。塗抹含有生石灰的塗料後，必須要擦拭它、使底漆顏色能夠透出，這才是重點所在。在本書中，純黑的展示櫃(請參照p.81)就是用這種技法所塗裝的。

另外，將加入生石灰的塗料做為底漆使用、上漆後用乾布擦拭的話，就能呈現出獨特的凹凸感或表現出塗料的厚度。本書中，我在純黑的鏡框(請參照p.66)、巧克力櫃(請參照p.73)或純白的收納櫃(請參照p.105)等商品上也使用了這個技法。

3.將塗料混合上述材料來製作出含有生石灰的塗料

以步驟2所描述的比例來說，混和入10ml水的塗料量大約是1/5～1/10。
一開始先以1/10的量，然後再根據顏色或濃度來進行調整。

4.塗上生石灰塗料

將步驟3所做成的生石灰塗料，均勻地塗上。

5.剝落生石灰塗料

上漆完成後，用濕布來擦拭、剝落掉生石灰塗料。

Finish Detail

做出風乾後的粗糙感

時間一久，生石灰粉會浮出來。如果您很在意的話，
雖然風乾的感覺會消失、但是就上蠟來處理吧！

{ 上漆技巧⑥ }

做出塗料的龜裂感

做出塗料的龜裂、顯現出底漆的顏色

用龜裂漆與剝落作業
來呈現出腐朽廢棄的仿古風

塗抹龜裂漆後，只要一上塗料就會龜裂、而透出底漆，因此會有破舊古老的感覺。剝掉龜裂的地方、塗料也會一併被剝離，那麼就呈現出更古老的風味。龜裂漆的效果，在無塗裝的木材或在亮光漆處理後的木材上，會因為材料的不同而變化。會吸收水分的無塗裝木材，龜裂較小；完全不吸收水分的亮光漆木材，塗料則會龜裂得較大。龜裂太大時，用研磨砂紙機來削除表面，或者像書中純白色橢圓折疊桌(請參照p.110)般、重疊塗抹塗料來調整龜裂的大小。

1.上底漆

均勻地塗滿底漆，並使其風乾。

2.用刷毛來塗抹龜裂漆

根據被塗抹材質的不同會有所差異，塗厚一點的話龜裂會比較大；薄薄地塗上一層的話龜裂就比較細小。

3.均勻地塗上面漆

龜裂會順著上漆的方向，所以請固定方向塗抹。
另外，請盡量避免二次上漆。

4.出現龜裂

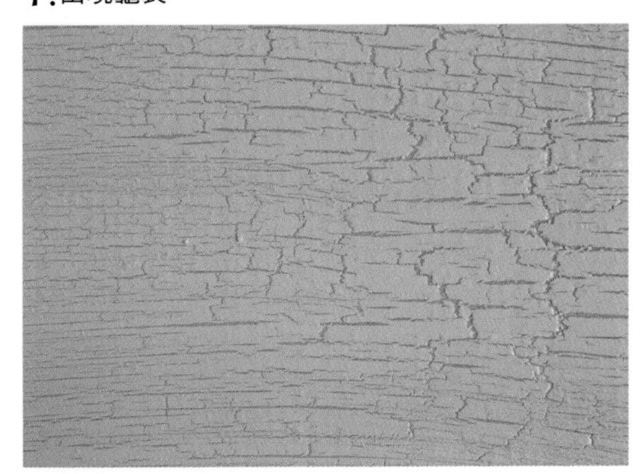

龜裂漆吸收了加工用塗料的水分而膨脹，
所以加工用塗料就裂開了。

5.用濕布擦拭掉面漆

塗料要是乾掉了，就用沾有大量水分的濕布來
擦拭表面。

6.用針眼錐，小心、仔細地剝掉塗料。

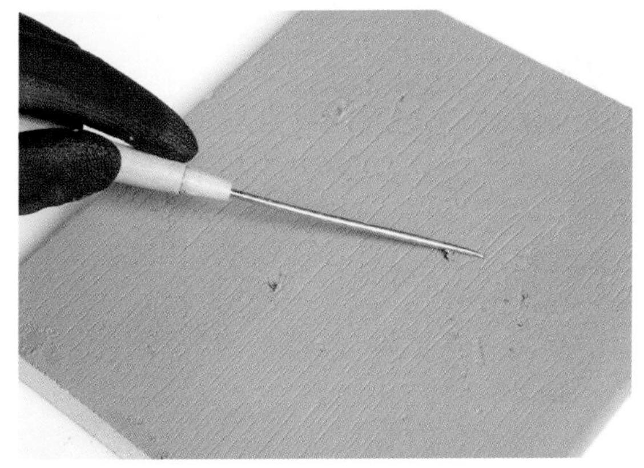

想要在部分區域剝落一些塗料時，可以使用針眼
錐來刮除、剝落塗料。

7.慢慢地剝掉面漆

剝落塗料的作業，不可太用力且要慢慢地進行。
使力過度的話，塗料就會大量被剝落。

Finish Detail

像在屋外歷經風雨的獨特粗糙感

在剝落塗料時，產生出來的小塗料塊也就這樣保留下
來，更具真實感。

Basic Technique 2.

呈現出真實感的技巧

在木材的表面留下傷疤、或者是突顯出木材的紋路或年輪，
這些就是強調木材本身質感的技巧。
因著這種塗裝技巧，而使作品更有真實感。

{ **仿古技巧①** }

添加傷疤

讓沒有表情的無瑕疵木材有了古木材般的豐富表情

用鐵鎚或針眼錐來添加傷疤
再用油性著色劑來強調

這是一種在木材表面添加傷疤、使木材呈現出長年被頻繁使用般風格的技巧。就連未塗裝的木材，也可因此變成表情豐富的材料。用鐵鎚可以表現出被碰傷或物品掉落時所造成的傷、打孔則是呈現出高跟鞋踩過般的凹陷感，而針眼錐可以表現出被蟲咬傷過的痕跡。本書中，自然鄉村風的木製斗櫃(請參照p.46)或簍空木製推籃(請參照p.50)，都是用這種方法創造出獨特的風味。添加傷疤後再塗抹油性著色劑的話，顏色就會滲透進傷疤處，因此便可強調出傷疤感。另外，也可以用蜜蠟來取代著色劑的角色。

1.用鐵鎚在木材的表面上添加傷疤

要添加傷疤在木材的表面時，也可以用鐵鎚的手把處。

2.用針眼錐刺入

隨機地用針眼錐來刺入，製造出像是被蟲咬傷般的痕跡。

3.用針眼錐呈現出線狀的傷疤

用針眼錐挑、隨機地做出線狀的傷疤。

4.用打孔器來製作出較大的凹洞

要做出大凹洞時，只要打孔就可以了。
控制打孔時的力道，來調整傷疤的深度。

5.在木材的邊緣添加傷疤

利用鐵鎚來做出木材邊緣的傷疤。
或者，也可以用鐵鎚的手把來敲打。

6.添加傷疤之後「平面」

您可以從圖中看出木材表面全是傷疤。
在這個狀態下所看到的傷疤並不明顯。

7.在油性著色劑中加入稀釋液

油性著色劑本身的顏色較濃，加入稀釋液來調整顏色。

8.在木材上塗抹油性著色劑

將稀釋後的著色劑塗抹在整個表面，
傷疤馬上就會被染色而變得明顯。

9.立刻用乾布來擦掉著色劑

用乾布擦掉表面過多的著色劑。乾掉後如果顏色變淡的話，
可以重複剛剛的動作，再次塗抹、擦拭、風乾。

10.塗上蜜蠟

油性著色劑乾掉後，用乾布沾取蜜蠟塗抹，
裂縫中的傷疤也塗上蜜蠟。

11.用乾布再次擦拭

用乾布再次輕輕地擦拭後就完成了。

Finish Detail

在無瑕疵無塗裝的木材上
加入古材般的小細節

根據形狀、深度的不同，傷疤會有各種不同的表情。
至於著色劑的顏色就照您喜好來調整吧！

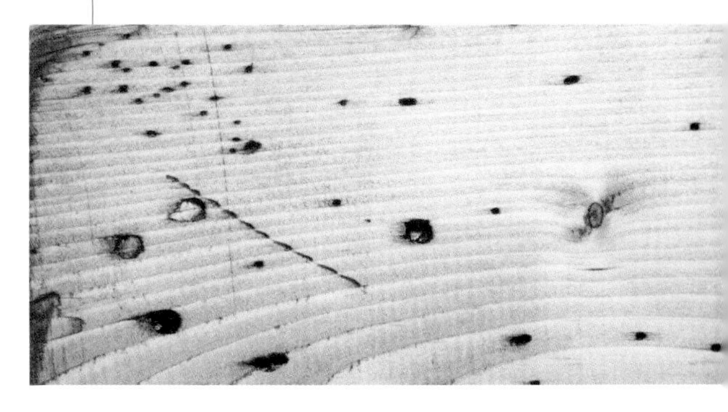

{ **仿古技巧②** }

火燒後削除表面

強調木材的年輪或紋路的感覺

形狀完成後再用火燒過
能夠預防木頭急速收縮

木材加工法中，有一個讓木頭紋理浮現的方法，稱為浮造。本來是用打磨來做出這種效果，我一直在思考是不是有更簡單就能夠達到這種效果的方法，結果就想出這種用噴槍烤後再削去表面的方法。如果強制地燒了表面，木材表面便會急速收縮。本書中普普風的白色木頭櫃（請參照p.134），就是使用了這個技法，但是在火烤前必須先把箱子組合而成、確實地固定好。形狀完成後接著處理的話，就能防止木材的急速收縮。相反地，如果要作出圍欄或柵欄時，就要在組裝前先火烤處理。即使是新品木材，處理後出現了歪斜或彎曲，這麼一來也能享受新品宛如古材般的風味。

1.用噴槍來烘烤木頭表面

用噴槍烘烤木頭的表面。
用火時，請務必選在屋外安全的地點。

2.用鐵刷來刷洗木材

因為刷起的粉塵會飛揚，所以將木材用水濕潤。
以鐵刷用力擦拭，燒焦的部分就會掉落。

3.木材紋路或年輪都清楚浮現

這張圖片是表面燒焦處被刷洗剝落後的狀態。
木材表面的年輪或紋理都清楚浮現，呈現出立體感。

4.塗抹塗料

等到木材確實風乾後，再塗抹塗料。
若想要使紋理或年輪更加明顯，建議
您使用明亮的顏色來上漆。

5.風乾塗料

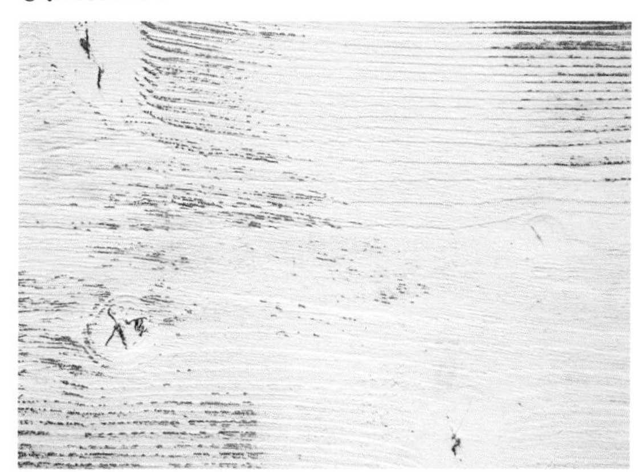

上漆完畢後，風乾塗料。塗料不用刷滿，
薄薄地塗上一層即可。

6.用砂紙打磨

用較粗的砂紙全面打磨。

Finish Detail

紋理或年輪部分的塗料掉落
凹陷的春目則殘留了塗料

木材的咖啡色與塗料的白色呈現了對比
木材的年輪或紋理也就明顯地浮現了。

Basic Technique 3.

重複上漆、配色的秘密

第一次進行重複上漆時，該如何配色令人感到困惑。所以在此傳授「伊波流重複上漆」的秘訣！不過最重要的是要快樂的上漆。要是覺得「塗壞了！」的話，就再重複上漆，享受樂趣吧！

接二連三的進行實驗，重複塗漆，享受玩樂色彩的趣味！

人的眼睛也有靠不住的時候，相當有趣。像是說到重複上漆，若底漆的顏色使用象牙色，面漆的顏色用粉黃色或粉藍色的話，剝落後露出的象牙色底漆看起來會是別的顏色。若是用黃色看起來就變成粉紅色系，若是用藍色就變成雪白色。若問為什麼會這樣，老實說我也不知道。我只能說，希望大家都能多嘗試各種顏色，去瞭解顏色的樂趣所在。

要讓重複上漆的氣氛能展現出來，所給的建議就如同本頁右半邊所講。若要再補充一點的話，那就是把實際被傳承三個世代左右的家具拿來，重複進行好幾次塗裝，這可能就是更能展現氣氛的秘訣。你可能會覺得「啥？誰要做啊？」不過這主要是看個人喜好，所以塗上自己喜歡的顏色就可以了。當然，這應該也是大家最中意的做法。

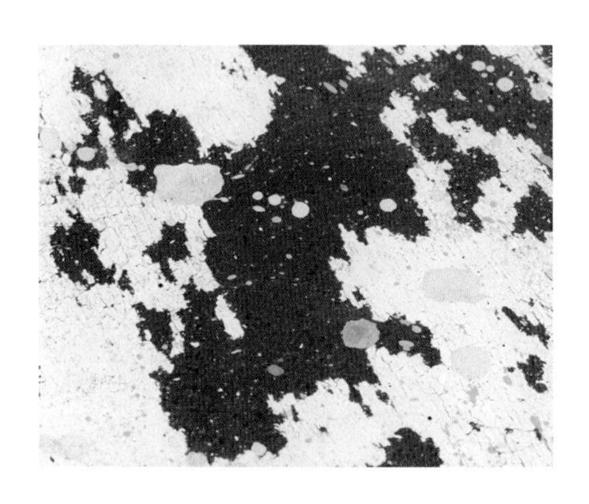

{ 重疊上漆的秘訣與建議 }

1.選擇對比色

底漆的顏色越亮，面漆的顏色就要越濃；相反地，如果底漆很濃的時候，面漆要亮的話，就用基本色。說到色彩組合的例子的話，比如說：咖啡色就搭配淡藍色、橘色就搭配綠色、深藍色就和白色等。

2.拿手地使用漸層

漸層的技巧，雖然我已經在上漆的基本技巧中介紹過，在這裡我要介紹的是顏色的使用技巧。全體顏色是藍綠色系時，底漆就用黑色、隨機地塗上綠色和白色，最後塗上藍綠色。然後再使用剝落或暈染等技巧，就會出現漸層的效果。

3.透出底漆的平衡感

如果要透出底漆的顏色，不是使用龜裂漆、就是使用剝落作業。龜裂漆塗得越厚、龜裂就會越大。剝落了大量塗料後，看起來就會像是在戶外被使用了一段時間的感覺。自己在心中先幫家具寫好劇本的話，那麼要透出多少比例的底漆也許會比較容易拿捏。

4.要呈現真實的剝落法的話…

最重要的是觀察力與想像力。如果是椅子的話，接觸到人體的部分是哪裡？容易損毀的地方又是哪裡？簡單地說，如果剝落本來就很容易掉漆的地方，那麼真實感就出現了。

5.不管幾次就不斷地嘗試吧！

底漆後上龜裂漆，然後是面漆，最後再重疊上漆。一天之內就能呈現出家具好像被使用了十幾年的味道。但是，在那之前，首先要做出實際上被使用的味道。然後，某一天心血來潮時，我們再次重新塗裝吧！

Interior Style 1.

自然鄉村的室內裝璜

木材溫暖的感覺真好，
鄉村風的客廳。
散發出中東香味的物品，散布著
異國風的空間正在蔓延。

{ Natural country }

用異國風的室內裝潢
來呈現自然鄉村風格吧！

小型的木製收納盒裡，
塞滿了重要的書信或文件，
圖中深綠色的櫥櫃，
充滿異國風情、是我最喜歡的作品。
溫暖的氣氛中，卻也有辛辣刺激感、
是個充滿異國鄉村風味的空間。

{ 改造後的家具 }

1. 塑膠製的相框
2. 籐籃
3. 不鏽鋼托盤
4. 檜木製的收納盒
5. 多功能的收納櫃
6. 餐櫥櫃

使用大量木頭製品
具有溫暖感的鄉村風空間

接下來要介紹的四個房間，住著各式各樣的人，有著不同的故事。當然，這可能只是我的“幻想”也說不定……。第一個自然鄉村風的舞台，假設是位於美國鄉下小鎮、在此地居住了四代家族Cooper先生一家人的客廳。這個客廳的主角，就是深綠色的餐櫥櫃。Cooper先生的太太喜歡時髦的顏色，這個顏色就是Cooper太太年輕時自己上漆的作品。在掉漆部分下方，隱隱約約可以看見之前婆婆所油漆過粉紅色和黃色的塗料。這就足以證明這個餐櫥櫃持續受到此家族代代人的愛戴。

因為餐櫥櫃的存在感很強，其他的東西也必須一併改造、使其不這麼突兀。上亮光漆的簡易斗櫃或用油性著色劑著色的簍空木製推籃、不鏽鋼托盤等，不加上多餘的裝飾、而是呈現出材料原來的質感。就連木床也不上漆、教會的長凳也都能看到木材原來的紋路。

木材，應該可以說是創作鄉村風空間不能或缺的材料，沒有特徵、容易裝飾是它最大的魅力。在我的設定裡，Cooper先生因為很喜歡異國風味，所以像是阿富汗的織品(kilim)或古盤、土耳其的茶壺等雜貨，更能裝飾多采多姿、具有異國情緒又有點辛辣的空間。如果，對這樣的內容厭煩了，只要替換雜貨的話，就可以改變味道。

家具是越使用越有味道。在這個房間所製作的家具，即使有了傷疤、也都還是繼續被使用，所以之後會比現在更有價值、更受人喜愛。

CN/KT256
FRAGILE

{ 改造後的作品① }

三十九元商店的相框

把塑膠製的相框，
改造成好像被使用多年過的風格。
相框寬度窄、體積也小，
短時間內就可以加工完成。
非常推薦剛開始學習上漆的初學者。

Before

用簡易的改造技巧
來體驗顏色變化的樂趣

就這樣使用很無趣，讓塑膠製相框重生的主要工程，就是重疊上漆和剝落塗料。作業雖然很簡單，但光是更換塗料，就可以呈現出各種不同風格。若想要穩重沉著的感覺，可以使用加了生石灰和水的深咖啡色等深色系塗料、厚厚地塗上一層。若想要華麗的感覺，那我推薦您使用黃色或青銅色的塗料。那麼就好好體會改變相框的材質或尺寸、塗料種類或顏色所帶來的樂趣吧。表面具有光澤的塑膠材質，因為不易上漆，所以上漆之前要先上一層塑膠底漆。

我非常推薦各位蒐集各種不同感覺的小相框、隨機地裝飾在牆上。

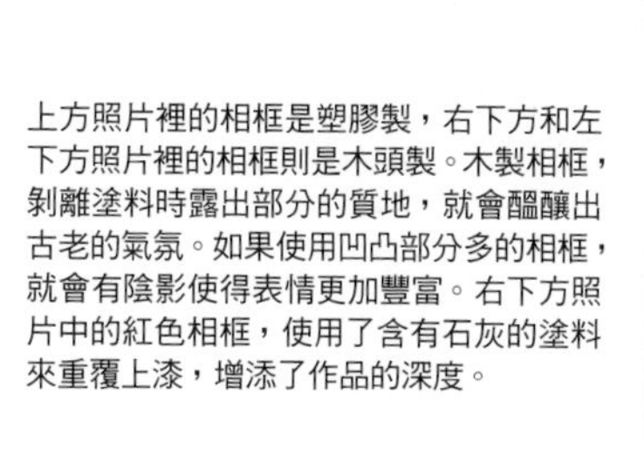

Detail

上方照片裡的相框是塑膠製，右下方和左下方照片裡的相框則是木頭製。木製相框，剝離塗料時露出部分的質地，就會醞釀出古老的氣氛。如果使用凹凸部分多的相框，就會有陰影使得表情更加豐富。右下方照片中的紅色相框，使用了含有石灰的塗料來重覆上漆，增添了作品的深度。

{ 改造的技巧 }

改造物品：塑膠製的相框
(W220×D20×H170㎜)

材料與工具：刷毛／乾布(上乳膠漆及仿古漆用)
塗料：乳膠漆(粉黃、粉紅、粉藍)／龜裂漆／仿古漆
使用East Village廠牌的塗料時：
Fancy Chair Yellow
Windsor Chair Pink
Dressing Table Blue
All cracked Up
Brown Graining/Antiquing Liquid

1.

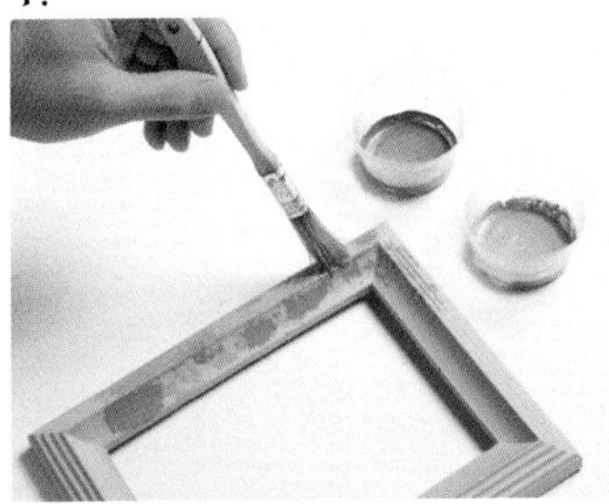

用乾刷毛沾取少量粉黃色和粉紅色的乳膠漆，輕輕地用點觸的方式塗上。

2.

這是上漆後的狀態。我將粉黃色和粉紅色混和後塗上，呈現出大理石般的質感。

3.

乳膠漆乾了後，整體都塗上龜裂漆並使其風乾。

4.

龜裂漆乾了後，再塗上粉藍色的乳膠漆。

5.

上了兩次漆後，為了能完美地呈現出龜裂的模樣，第一回上漆時不要塗抹得太過均勻、飽和是訣竅。

6.

塗料半乾狀態時，用刷毛尖端輕輕地在表面點觸、製作出塊狀塗料，在部分區塊呈現出塗料的厚度。

Point

在步驟7的工程中，一邊確認塗料剝落狀況、然後一邊施力來擦拭。因為相框是塑膠材質，加力擦拭的話塗料可能會大量剝落，這點請特別留意。

7.

用濕布擦拭表面使塗料剝落，
然後逐漸調整至自己喜歡的狀態。

8.

以突出的部分為中心剝落的話，
感覺會更自然。

9.

剝落作業完畢後，放置至其完全乾燥。

10.

塗上仿古漆，呈現出古董風格。

11.

再用乾布擦拭掉多餘的塗料。

Finish!

{ 改造後的作品② }

籐編置物籃

將年代久遠、自然風的籐籃，
塗上象牙白和海軍藍的塗料後，
完全呈現出不同的樣貌。
轉印上籐籃正面的文字是重點。

海軍藍和白色的對比帶來新鮮感的掛壁式書報收納籃

籐籃，雖然是每個家庭都會有的物品，但除了占空間之外、收納能力不足也是其缺點所在。所以捨棄了「放置在床上或桌上」的想法，試著放在支架上掛於牆面。籐籃無法放置重物，因此鋪上木材來補強。不論報紙、您愛讀的雜誌或者是電視的遙控器等常使用的物品，都很適合擺放於此。

我將文字轉印上籐籃的正面。基本上，使用什麼形式的文字都無所謂，我偏好將形狀相似的文字和數字組合在一起。比起具有特別意義的單字，則管理號碼或商品編號般無意義的文字，看起來反而就好像有特殊意義般非常不可思議。

牆壁的白色、相框邊緣的茶色等整體的自然風格中，書報籃的海軍藍色更顯突出。

Detail

仿古漆滲入後，更能醞釀出古老的氛圍。鐵製支架看起來也很有老舊感，而且在大型賣場就能買到現成品。這次為了搭配籐籃的海軍藍色，用粉藍色的塗料漆塗於鐵架。乳膠漆不要一次全部塗上，一邊擦拭一邊視程度而上色是訣竅。

{ 改造的技巧 }

改造物品：籐籃
(W380×D250×H150㎜)

材料與工具：木材(370×240×12㎜)一片／鐵架(190×150㎜)2個／螺絲(20㎜)16個／印刷用模紙(2吋)／螺絲起子／刷毛／砂紙(細的)／乾布(仿古漆用)

塗料：乳膠漆(海軍藍、象牙白、粉藍)／仿古漆

使用Old Village廠牌的塗料時：
Dressing Table Navy
Corner Cupboard Yellowish White
Dressing Table Blue
Brown Graining/Antiquing Liquid

1.

用粉藍的乳膠漆塗抹於鐵架，
輕輕地塗上一層使底色能透出。

2.

塗料乾了後，用砂紙擦拭。

3.

這張照片是用砂紙擦拭後的狀態。

4.

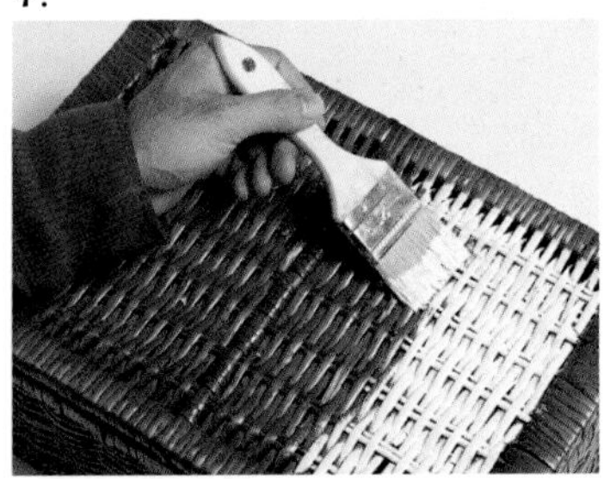

在籐籃的表面和蓋子的內側塗上象牙白色的乳膠漆，邊框的部分不要塗抹就維持原狀。

5.

邊框的部分用海軍藍色的乳膠漆來塗抹。

6.

在籐籃的正面上放置印刷用模紙。

Point 籐籃的編織有凹有凸，塗料很難滲透入凹的部分。在轉印文字時，用刷毛沾取大量的塗料垂直地往內壓，使塗料能夠確實地滲透。

7.

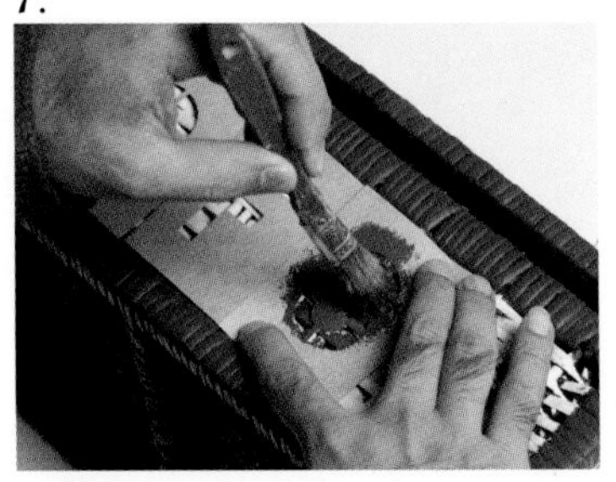

用細刷毛沾上海軍藍色的乳膠漆來轉印文字。

8.

這是文字轉印完成後的樣子。

9.

在作為基底的木材邊緣，塗上海軍藍色的乳膠漆。

10.

整個籐籃都塗上仿古漆。

11.

上漆後，用乾布擦拭以去除多餘的塗料。

12.

將鐵架擺在牆面上，對齊高度後用螺絲來固定。

13.

這是鐵架固定完畢的樣子。

14.

在固定好的鐵架上放置作為基底用的木材。

Finish!

放上籐籃後，再用螺絲來固定基板和籐籃。

{ 改造後的作品③ }

仿古風銅托盤

這是將光亮的不鏽鋼材質改造成古銅或青銅製品的技巧。
用黑色和淡綠色來表現出生鏽的感覺。
作成托盤使用當然可以，嘗試將它掛在牆上作為畫盤來欣賞如何呢？

Before

裝飾與實用兼具的仿古風銅托盤

新的東西也好古董也好，我認為正是因為是日用品，所以別具意義。這個仿古風托盤，在某家代代流傳使用，雖然有了歲月的痕跡，卻是家族成員每天都愛用的物品，我是以這概念為出發點來改造的。

這個銅托盤最大的重點，就是古銅製品上常見的黑漬或銅鏽。如果是真的古銅製品，哪些斑點又是沾附上哪些髒汙或鏽呢？

參觀古董店時，不妨一邊思考這個問題、一邊詳細觀察也是一種樂趣。時而將其作為畫盤掛在牆上裝飾，時而當作餐盤來放置起司，總之它是能徹底融入生活中的一品。

從二手店購得的不鏽鋼托盤，花30分鐘的作業時間讓它變身為古董銅製托盤。

＊日文的綠青，是指銅氧化後所生成青綠色的鏽。也可稱為銅綠或銅鏽。它能夠在銅板的表面上形成一層膜，因此具有防止內部腐蝕的效果及抗菌力。

托盤的部分是銅，把手的部分塗抹上金色壓克力漆，呈現出銅與黃銅的風格。然後再用黑色的乳膠漆，作成經年累月累積出來的汙漬或色斑。如果塗上銀色壓克力漆的話，那麼就會像是鋁製品。銀色再加上極少量的黑色或綠色，就會呈現出白鑞製品的風格。

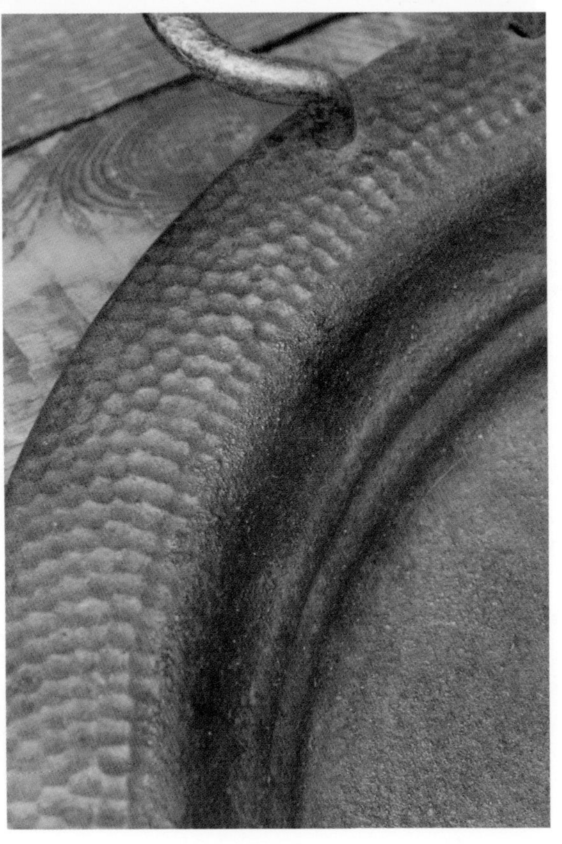

{ 改造的技巧 }

改造物品：改不鏽鋼托盤
(W434×D40×H370㎜)

材料與工具：金屬底漆／生石灰／刷毛／乾布
(塗料用)

塗料：乳膠漆(黑、粉綠)／壓克力漆(銅、金)

使用Old Village廠牌的塗料時：
Black
Wild Bayberry

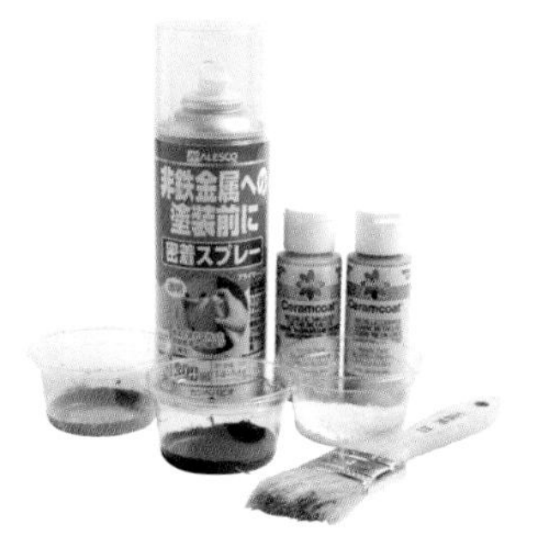

1.

在不鏽鋼托盤的表面，噴上金屬底漆。

2.

將生石灰、水和黑色乳膠漆混合(比例請參考p.21)後，均勻地塗在托盤上並使其風乾。

3.

把手以外的部分，用銅色壓克力漆塗抹並使其風乾。

4.

這是銅色壓克力漆上漆後的樣子。
若有凹凸不平處，再上一次漆。

5.

把手的部分，塗上金色壓克力漆並使其風乾。

6.

這是用金色壓克力漆塗抹後的樣子。

Point 用7～11的步驟，來表現古銅的黑色汙漬或銅青。將粉綠色塗在邊緣隙縫或把手與托盤的接合處等容易產生銅綠的部分，然後馬上擦掉。因為粉綠色塗漆要是殘留得太多，鏽化會太明顯，因此適當地調整使它能看起來更自然。

7.

用刷毛來回沾取乳膠漆與水，一邊調整塗料的濃度、一邊均勻地塗抹。

8.

趁著塗料還沒乾，用濕布輕輕地擦拭至表面留有部分黑色汙漬的程度。

9.

用乾刷毛沾取少量的粉綠色乳膠漆，然後輕輕地塗在托盤邊緣的隙縫部分。

10.

塗料完全乾掉前，用乾布擦掉乳膠漆，只要殘留薄薄一層即可。

11.

同樣地，邊框的部分或把手的接合處也用粉綠色乳膠漆塗上，然後用乾布擦拭。

Finish!

有木頭紋路的自然風斗櫃

將收納能力非常好的桐木製斗櫃，
配合空間的整體風格來改造，
不需要上漆，利用著色劑與亮光漆來加工。
加工後傷疤處及黃銅製把手的存在會更鮮明。

Before

用著色劑，讓無數的傷疤看起來就像是古老的舊傷疤

談起客廳中不可或缺的一樣物品，那麼就是非常便利的小型斗櫃。「就直接使用接手自朋友公司裡長年使用後的二手斗櫃」，因為想要呈現這種氣氛，所以用一字螺絲起子、針眼錐、鐵鎚等物品來增添許多傷疤。

塗裝只需要使用油性著色劑和亮光漆即可。因為斗櫃本身就是用亮光漆塗裝的，所以著色劑只會滲入、染黑傷疤的部分，看起來就好像是幾年前就留下的傷疤。斗櫃的形狀簡單，只要利用塗裝或選擇不同的把手，好像在哪種氣氛的空間都很適合。這次使用的把手是黃銅製，使用後會更有味道。而享受變化的過程也是一種樂趣。

Detail

想要在表面上添加上各種不同形狀的傷疤。用一字螺絲起子刺入，然後扭轉就能產生更深、更大的變化。最後塗上大量的亮光漆，呈現出閃亮的光澤感。

改造的技巧

改造物品：多功能收納斗櫃
(W320×D280×H660㎜)

材料與工具：把手7個／螺絲(10㎜)28根／鑽子(12㎜)／鐵鎚／十字螺絲起子／鑿子／刷毛／乾布

塗料：油性著色劑(柚木色)／水性亮光漆

使用Old Village廠牌的塗料時：
Poly-Aqua Varnish

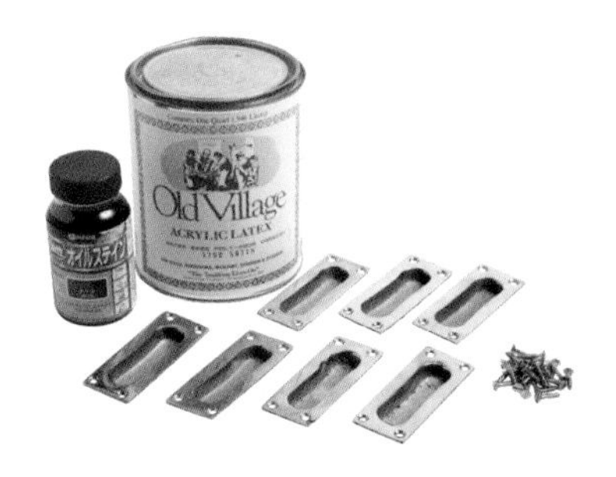

1.

在斗櫃表面製造傷疤，用十字螺絲起子做出各種大小不同的傷疤。

2.

做出不同形狀的傷疤。線狀傷疤用十字螺絲起子。

3.

邊框部分用鐵鎚敲打，做出凹凸感。

4.

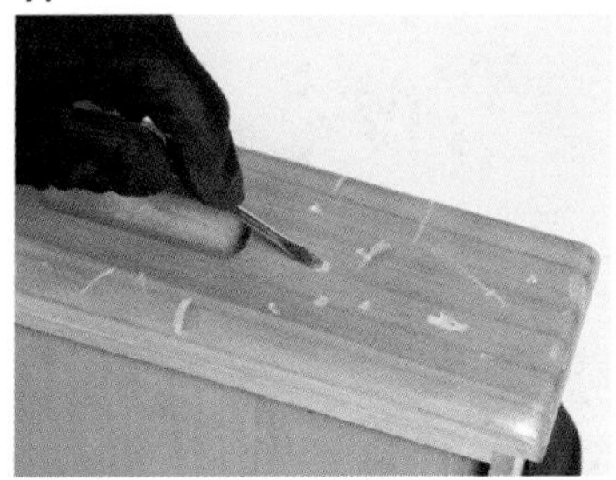

抽屜的部分也一樣用十字螺絲起子來製造傷疤。

5.

均勻塗上著色劑。

6.

用乾布擦掉多餘的著色劑。因為著色劑會滲透進傷疤的部分，所以能強調出傷疤感。

Point　不使用顏色，而是變化抽屜的把手來改變整體風格。
所以請選擇看起來非廉價品又富有存在感的把手。

7.

抽屜原來的把手太淺，而沒有辦法嵌上新把手時，可以利用鑽子來切削。

8.

利用鑿子來調整凹陷的深度及形狀。

9.

這是擦掉著色劑、調整完把手凹陷深度及形狀的樣子。

10.

著色劑完全乾掉後，再塗上亮光漆。
若是塗抹不均勻的話，可以重覆塗抹。

11.

抽屜的把手，用十字螺絲起鎖上螺絲來固定。

Finish!

{ 改造後的作品⑤ }

排水板做成的多功能推籃

這是個多功能的收納盒。
為了要表現出它是在工廠中使用過的感覺，
在表面添加傷疤後用著色劑來上色。
只要替換木板的尺寸或者改變塗料的顏色，
就可以呈現出完全不同的感覺。

Before

簡單地做出多功能的收納盒
因為帶有滾輪而能移動也是種樂趣

洗衣籃、小孩的玩具箱或者圖片中在這個房間用來收納坐墊或地墊，總之它是個多功能又便利的推籃。因為使用的材料是市售的排水板，所以輕又堅固，而且不需要測量木頭的尺寸。然後，短時間內就能簡單地改造完成是它最大的魅力。另外，因為帶有滾輪，所以可以輕鬆地移動它。

將它定位成「工廠中所使用的推籃」，在推籃正面加上像是管理編號和「易碎品」的文字。只要替換轉印文字、尺寸或者是塗裝的顏色，那麼不管擺放在哪個空間都很值得推薦。

根據塗裝顏色的不同，印象也會大大地改變。一開始先用著色劑，如果膩了再改用水性塗料來改造也可以。將橫板一片一片改變其顏色的話，就可以呈顯出普普風的感覺。

Detail

排水板的材質大多是桐木或檜木，圖片中推籃所使用的是檜木。桐木的顏色較白，因為沒有節點、所以比較柔軟。檜木則是因為有節點而較硬，顏色偏紅是它最大的特徵。塗上著色劑後，會讓有節點的檜木表情更加豐富。

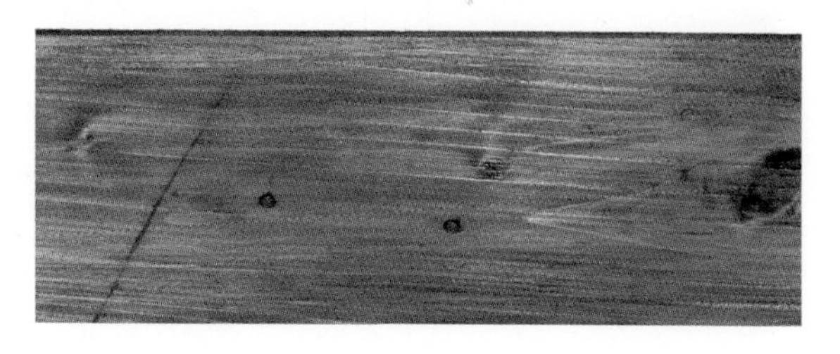

{ 改造的技巧 }

改造物品：檜木製排水板
(W820×D410×H400㎜)

材料與工具：排水板A(800×330㎜)2片／排水板B(410×330㎜)2片／木板A(410×100×12㎜)1片／木板B(410×240×12㎜)3片／螺絲(50㎜)20根／螺絲(30㎜)24根／螺絲(10㎜)16根／橡膠製小腳輪(40㎜)4個／轉印紙(1吋)／木工用接著劑／木屑

工具：電動起子／一字螺絲起子／金屬底漆／鐵鎚／砂紙(細)／刷毛

塗料：水性乳膠漆(黑色)／油性著色劑(柚木色)／水性亮光漆

使用Old Village廠牌的塗料時：
Poly-Aqua Varnish

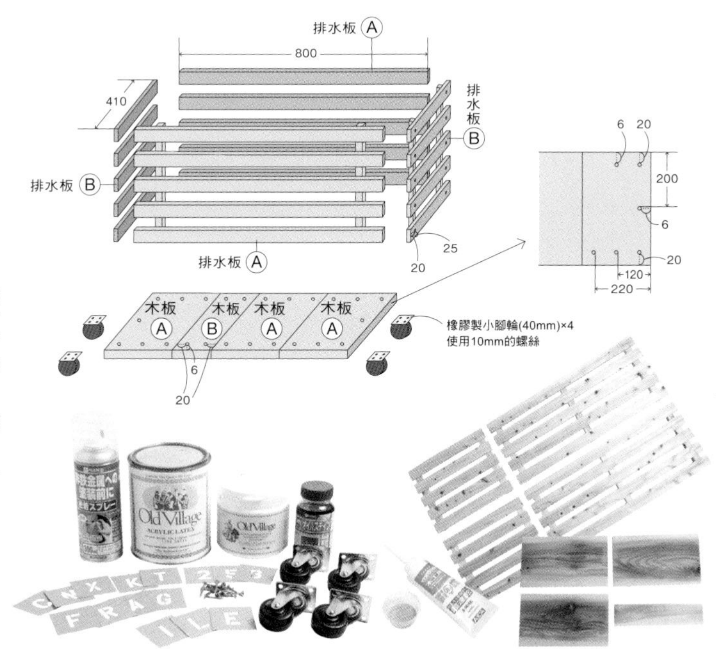

1.

用排水板A、B來做出推籃的骨架。從B側釘上用來固定A、B底板的50㎜螺絲。

2.

固定推籃的底部。在步驟1的骨架上擺上木材A與木材B，然後用30㎜的螺絲固定住。

3.

使用一字螺絲起子在推籃表面製造出傷痕。

4.

排水板A、B密合後，用鐵鎚敲打邊框接合處製作出凹洞。

5.

用木屑來填補凹洞，首先先將木工用接合劑注入凹洞中。

6.

趁著木工用接合劑尚未乾掉前，灑上一小撮木屑。

Point

在上述步驟4中用鐵鎚敲打邊框的作業過程，確定木頭確實固定又提高安全性的同時，也呈現出物品被長期使用過的感覺。

7.

將木屑塞入洞穴中，然後一邊混合木工用接合劑來填平表面。

8.

乾掉後用砂紙磨平，以去除殘留在表面多餘的木屑。

9.

均勻地塗上著色劑。

10.

著色劑乾掉後，在橫板上排列上轉印紙，然後用黑色乳膠漆來轉印文字。

11.

乳膠漆乾掉後，再均勻塗上水性亮光漆。

12.

在橡膠製小腳輪的金屬部分噴上金屬底漆。

13.

金屬部分再塗上黑色乳膠漆。

14.

乳膠漆乾掉後將推籃倒置，用10mm的螺絲固定推籃的四個腳輪。

Finish!

{ 改造後的作品⑥ }

只要不斷重新上漆
就能繼續使用下去的餐櫃

最適合作為客廳主角的就是西班牙風的餐櫃。
將上層綠色塗料剝掉後，會出現4種顏色，
表情也變得更加豐富。這次想要醞釀出的氣氛
是此餐櫃從以前就一直存在般的沉著感。

Before

自己所改造的家具
即使壞了也想要好好珍惜

在我的虛擬故事中，這個餐櫃已在某個家庭被使用了4代之久，由現在的女主人改裝成綠色。上色後又過了好幾年，所以開始掉漆，因此可以看見以前塗裝的黃色或粉色塗料。本來，底色應該如我的故事設定、順序地一層一層塗上。但是這樣非常花費時間和勞力，所以將作業簡略成隨機地分散塗抹顏色。

雖然說是西班牙風格的餐櫃，但家具本身並不是高級品喔。但是在使用的過程中，會越來越喜歡它。即使哪一天它壞了，修理也好、或者改造櫥櫃和桌面等配件。總之，會出現各式各樣的樂趣。

沉重的存在感。用阿拉伯古盤來裝飾桌面，
或者在上方收納櫃中收納許多喜愛的老書。

以鳥作為主題的把手是德國的古董品。把手上留下一字形的螺絲，就可以呈現出古董感。剝掉塗漆時，在把手附近或裝飾品凸出處，要注意從本來就容易掉漆處為中心開始剝。

{ 改造的技巧 }

改造物品：餐櫃
(W100×D45×H192cm)
材料與工具：古董把手6個／螺絲(15mm)16根
工具：電動起子／一字螺絲起子／鐵鎚／研磨砂紙機／一字螺絲起子／刷毛／乾布(乳膠漆用、著色劑用、蠟用)／砂紙(粗)
塗料：乳膠漆(象牙色、綠色、粉紅色、黃色、黑色)／蜜蠟(BRIWAX：Medium Brown)／龜裂漆
使用Old Village廠牌的塗料時：
Corner Cupboard Yellowish White
Fancy Chair Green
Windsor Chair Pink
Antique Yellow
Black
All cracked up

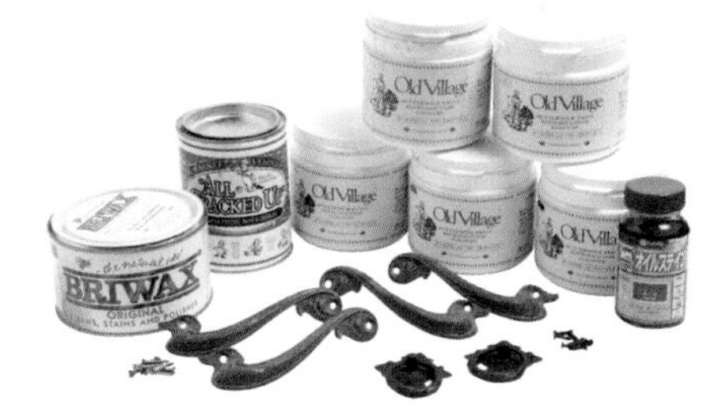

1.

用研磨砂紙機來磨餐櫃的桌面，
以去除表面的亮光漆。

2.

用一字螺絲起子在桌面製造出線狀的
傷疤。

3.

然後再用鐵鎚來製造傷疤。在平面傾斜
鐵鎚、用角的部分來敲打會比較好。

4.

再用鐵鎚敲打桌面的邊角來製造傷疤。

5.

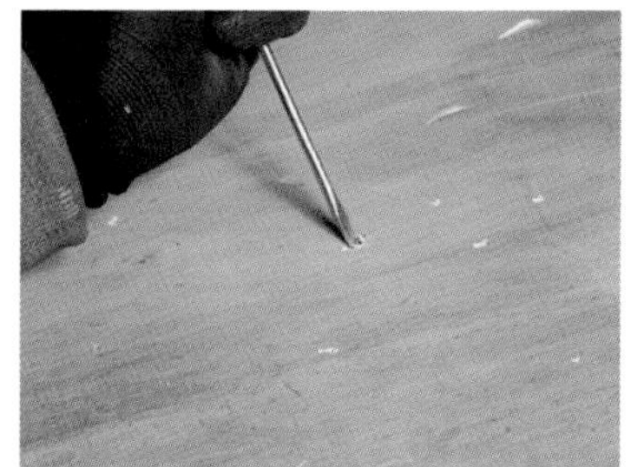

做出傷疤的變化感。利用一字螺絲起
子做出又深又小的傷疤。

6.

傷疤的加工完成後，均勻地在桌面上
塗上著色劑。

7.

用乾布將多餘的著色劑擦乾。

8.

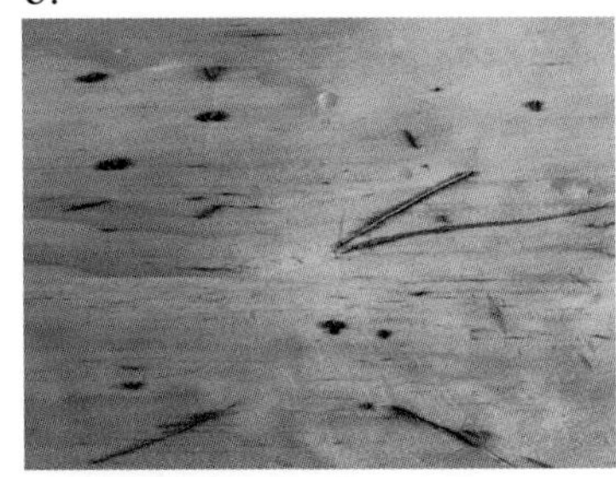

這是擦掉著色劑後的樣子。蠟只滲入傷疤的部分，因此強調凸顯了傷疤。

9.

將抽屜及櫃子原來的把手都拿掉。

10.

在桌面以外的地方都塗上象牙白的乳膠漆作為底漆。將刷毛站立，隨機地點觸塗上。

11.

塗上粉紅色乳膠漆，注意盡量不要和剛剛象牙白的塗料重疊。

12.

然後再塗上黃色乳膠漆，將底漆埋入其下。

13.

最後再塗上黑色乳膠漆，比起剛剛塗上的3個顏色，黑色塗料塗得越少越好。

14.

乳膠漆風乾後，全體均勻地塗上龜裂漆。

15.

龜裂漆乾掉後，再全面塗上綠色乳膠漆。

Point

在18的步驟中，剝落塗料時，如果底漆露出太多，臭味就會比較重，要特別留意。而且要是剝落的面積太大的話，看到底漆顏色的接縫處，感覺會比較不自然。所以盡量將底漆露出面積控制在小範圍。

16.

將綠色乳膠漆混合少量黑色，做出比步驟15中更深的綠色。

17.

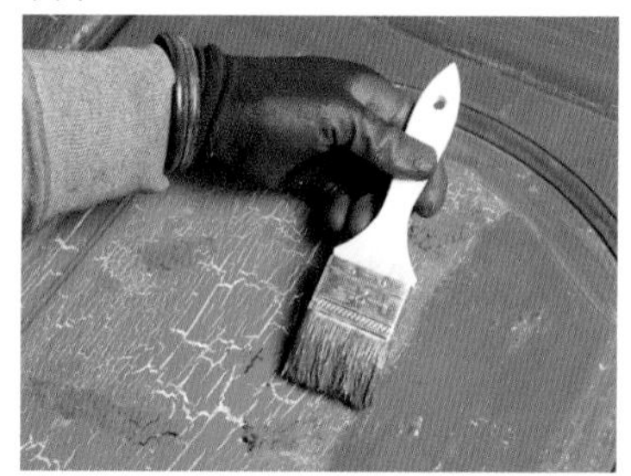

15步驟風乾後，再重疊塗上16步驟所做成的深綠色塗料。

18.

裝飾品的角凸出處等，用濕布一點一點地剝掉塗料使底漆的顏色露出來。

19.

用螺絲固定抽屜的把手。

20.

同樣地，用螺絲固定餐櫃的把手。

21.

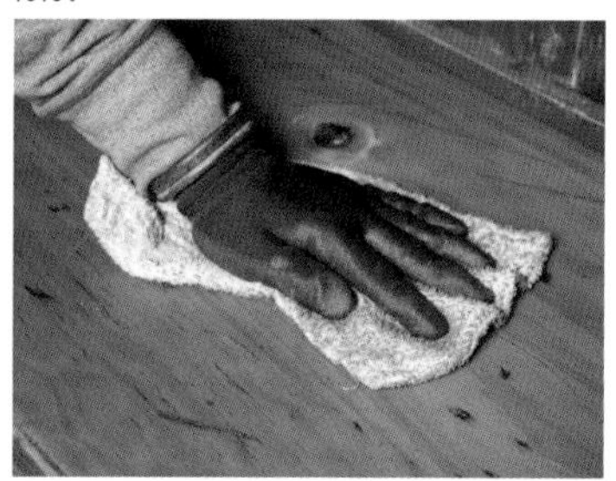

在桌面上均勻地塗上蜜蠟。

22.

再用乾布擦拭出光澤感。

23.

塗裝過的部位也用蜜蠟來塗抹，輕輕地擦拭。

Finish!

{ 導覽伊波製① }

The shop was built
建築物改裝後的園藝雜貨店

安靜地佇立在住宅區的普羅旺斯風小店『Calme』。
加工成普羅旺斯土牆風的外牆或屋頂的綠色植物，
都安撫了來訪的人。

自由地將老化技術運用在有重量感的土牆風建築上

我著手改造『Calme』這個建築物是在2009年的春天。是我和同樣了解手作好處的根本先生所一起建造的。主人中村先生的希望是“好像是法國農村會有的建築物”。外牆看起來是古老的土牆風，實際上是在水泥牆上塗抹了外牆用的塗料。利用白、奶油色和淺咖啡3色來塗裝出漸層感。仿古風的門其實是紅檜木的新材。用鋸子來添加傷疤、掛上美人蕉、塗上煤炭、上著色劑……，藉由各種加工工程來呈現出它樸實穩重的感覺。

左圖：建造在一家車庫裡的小店，店裡販賣當季的花草。
下圖：店的背面有著小窗和看板，向路過的人招手。

屋頂上鋪上土來種植長青又強壯的百里香。春天時，粉紅色的花會覆蓋整個屋頂。從屋頂掉落的雨水，會經由排水管集中到水瓶中，瓶中很快地就培育出鳳眼蓮。

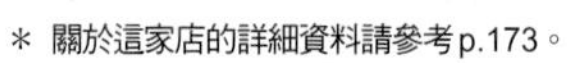
＊ 關於這家店的詳細資料請參考p.173。

Interior Style 2.

紐約時尚風的黑色室內裝潢

生鏽的鐵或黃銅的重量以及經年累月所蘊釀出來風乾的氛圍。
位於古老公寓的空間裡，有著和華麗的世界相對立的美。

{ Newyork Black }

彷彿身處紐約公寓的黑白時尚風

這是一個熱愛從跳蚤市場挖寶男子的房間。
褪色的巧克力櫃、使用過的二手家具或者是生鏽的吊燈也好，
都是他花許多時間收集且非常喜歡的物品。

{ **改造的物品** }

1.鏡子
2.投光器
3.放置日本人偶用的玻璃箱
4.鐵管
5.電視櫃
6.不鏽鋼置物架

褪色又老舊的風格是其魅力所在 這是集結自己珍愛寶物的秘密基地

這是位在紐約公寓中的一戶，獨居在這裡的是單身的非裔美國人約翰。他的興趣就是從跳蚤市場挖寶。不管自己會不會演奏，就把舊的薩克斯風或喇叭裝飾在牆面上。被愛貓所弄壞而不能使用的老舊電話，也很珍惜地做為裝飾使用。

這個房間中的家具或小物有著共通點，那就是二手物品的老舊感和粉塵、髒汙。他到處收集來的巧克力櫃或桌櫃，都是被使用過或者是放了很久的東西，顏色褪得差不多就連汙垢都滲入黏著在上面。這個東西惡化又失去光澤的風格，可以使用生石灰或者砂紙擦拭來重現。

還有就是，強烈的金屬色感是這個房間的特徵。燒鐵塗裝後的衣帽架、拼布風滾輪桌的桌腳或者吊燈的生鏽感塗裝等，都是以比較冷硬的風格來裝飾，只有在水性塗料或乳膠漆的部分，多少能呈現出光豔感。只要使用生石灰的話，就可以做出金屬的不平滑或是粗糙的感覺。能做出各種不同風格的生石灰，對我來說是不可或缺、最重要的材料之一。

約翰外出回來後，習慣將愛用的帽子掛在衣帽架上，並打開放置在桌櫃上的巧克力櫃。然後將所收集的寶物都欣賞一遍，滿意地微笑，這點和我本身非常相似。而我介紹的四個房間中，我最喜歡、覺得最舒適的就是這個房間，我想應該就是這個原因吧！

DAD'S CHOCOLATE

{ 改造的物品① }

Old American風格的酒吧鏡

這是個裝飾在外國酒吧牆面上的鏡子。
這個改造過的鏡子是在39元商店購入的。
表面粗糙的凹凸感和被認為是掉落石膏的白色髒汙，
不管哪個都是使用生石灰所呈現的效果。

利用半圓釘與重疊上漆的技巧來呈現出古石膏的風格

酒吧鏡是酒商贈送給酒吧用來促銷商品的物品。

鏡框的材質設定為石膏製的感覺。石膏製的鏡框舊化後，會跟塗料、石膏一起剝落。這樣的細節，是在塗裝的最後塗上生石灰來呈現。本該被丟棄的老舊酒吧鏡，可能是約翰不知道從哪裡挖寶而得的吧！

當我要在作品上加上文字時，我常常都會選擇加上公司名稱，但都是我想像出來的虛擬公司。我將這個酒吧鏡設定為1912年在芝加哥開業的復古家具店「DOUGLAS公司」，其實實際上沒有一家家具店有製造酒吧鏡，但我覺得如果有的話也不錯，因此也把我個人這樣的希望加諸在此次的設計上。

完全不像是39元商店的鏡子，變身成莊嚴沉著的感覺。生石灰的白，呈現出舊化後石膏的質感。

Detail

釘上半圓釘後塗裝，呈現出和鏡框的一體感。只要重複塗上加了生石灰的塗料，就可以表現出厚度感。那麼就依照個人的喜好來調整吧！在描上金黃色文字時若有破裂，那麼更能醞釀出古老的感覺。

{ 改造技巧 }

改造物品：鏡子(W200×D12×H270㎜)

材料與工具：半圓釘(9㎜)14個／金屬底漆／鐵鎚／砂紙(細)／刷毛／生石灰／轉印文字紙／水性筆(金黃色)／油性筆(黑色)／複寫紙／原子筆

塗料：乳膠漆(黑色、酒紅色)／龜裂漆／水性亮光漆

使用Old Village廠牌的塗料時：
Black
British Red
All cracked Up
Poly-Aqua Varnish

1.

鏡子上依序放上複寫紙、轉印文字紙，用原子筆描出文字的輪廓、轉寫在鏡上。

2.

沿著轉印上的文字輪廓，用金黃色的水性筆來上色。

3.

然後再用黑色的油性筆在轉印文字的周圍畫上邊框。

4.

決定半圓釘的位置。將半圓釘(加工的方法請參照p.118)橫向4個、縱向5個排上，並等間隔做上記號。

5.

在步驟4中做記號處，釘上半圓釘。

6.

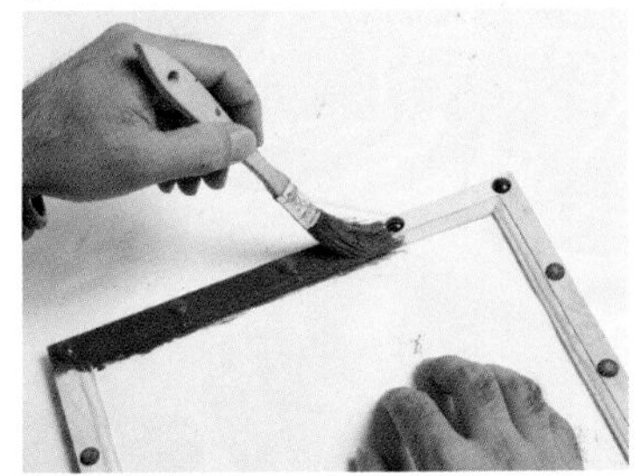

在鏡子上鋪上防髒汙的紙，用加入生石灰的黑色乳膠漆(比例請參照p.21)塗在鏡子的邊框。

Point　用砂紙擦拭以剝落塗料時，加入生石灰。塗上水性亮光漆時，只有滲入細縫中的生石灰會白白的，因此可以呈現出舊化後石膏製相框般的感覺。

7.

黑色乳膠漆乾掉後，塗上酒紅色乳膠漆。

8.

酒紅色乳膠漆乾掉後塗上龜裂漆，然後使其風乾。

9.

龜裂漆乾掉後再塗上黑色乳膠漆。隨著塗漆風乾的同時，表面也會有裂縫出現。

10.

塗料都乾掉後用砂紙擦拭，一邊確認剝落的狀況、然後剝掉半圓釘等突出部份的塗料。

11.

這是塗料剝落後的狀態。下方酒紅色的塗料出現，便有種生鏽的感覺。

12.

用乾的刷毛在鏡子所有邊框刷上生石灰。

13.

這是刷上生石灰後的狀態。生石灰滲入縫隙而呈現白色，更給人一種老舊的印象。

14.

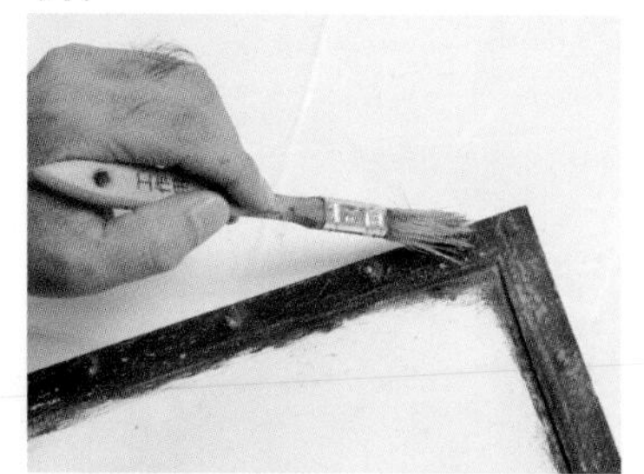

最後將水性亮光漆薄薄地圖上邊框。

Finish!

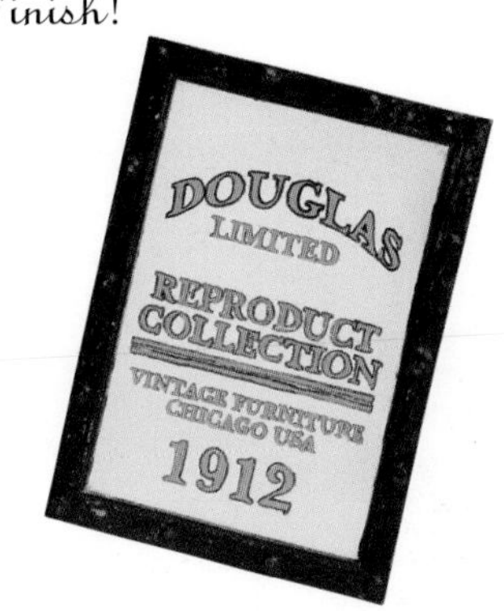

{ 改造的物品② }

將投光器改造成生鏽後的吊燈

符合暗黑色調房間、照射出微弱燈光的吊燈，
是用固定配管的蝶番式固定架與工廠用的投光器
所組合改造而成。用酒紅色與黑色乳膠漆
來呈現出生鏽鐵器的風格。

Before

用生鏽風的塗裝
來加工成簡單的吊燈

工廠中常使用的投光器，從以前到現在的設計都沒有改變，不管是日本製或者美國製，幾乎都是一樣的形狀。以簡單和好用這一點來看，或許它不是完美的形狀。原來的使用方法是用掛勾吊著、或者是用手拿，在此我們將把手和蝶番式水管架一體化，將它固定在牆上。

塗上加了生石灰的乳膠漆、讓整體有了粗糙或凹凸不平的質感，然後再塗上一點酒紅色及黑色乳膠漆，那麼就會有生鏽鐵那種粗曠的氛圍。要改造成像約翰的房間那樣，說不定要先從哪個礦坑或工廠挖寶。

作為支架固定在牆壁也可，或者懸掛使用也可以。將吊燈懸掛並排在天花板上，就能呈現出優雅的感覺。

Detail

用加了生石灰的乳膠漆，做出整體厚實及粗糙感。用酒紅色與黑色乳膠漆塗抹時留下一點漆斑，然後不使用水性亮光漆或油性著色劑的話，就能作出生鏽鐵的素材感。

改造的技巧

改造物品：投光器(W120×D120×H320㎜)

材料與工具：蝶番式固定架(32A)／打毽板(L75㎜)／螺絲(50㎜)2根／橡膠板(25×100×3㎜)一枚／螺絲起子／鉗子／生石灰／刷毛

塗料：乳膠漆(黑色、酒紅色)

使用Old Village廠牌的塗料時：
Black
British Red

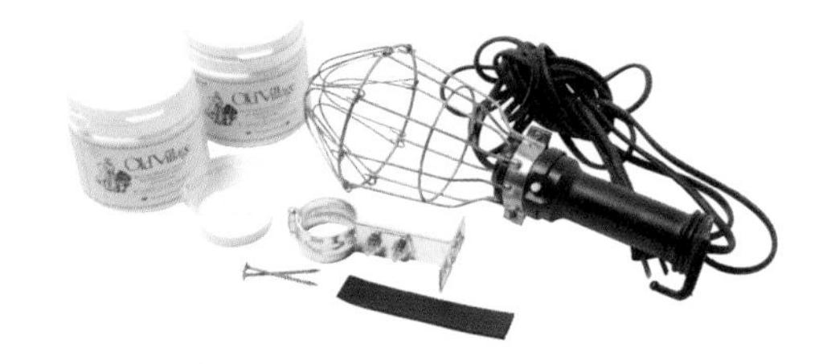

Point

在步驟5中，將刷毛豎直輕輕地用點觸的方法塗上酒紅色漆。等到全體都塗上酒紅色後，再加上少量黑色漆來做出色斑，以呈現出生鏽鐵的風格。一開始就塗上黑色的話，酒紅色就會變得不顯眼，這點要特別注意。

1.

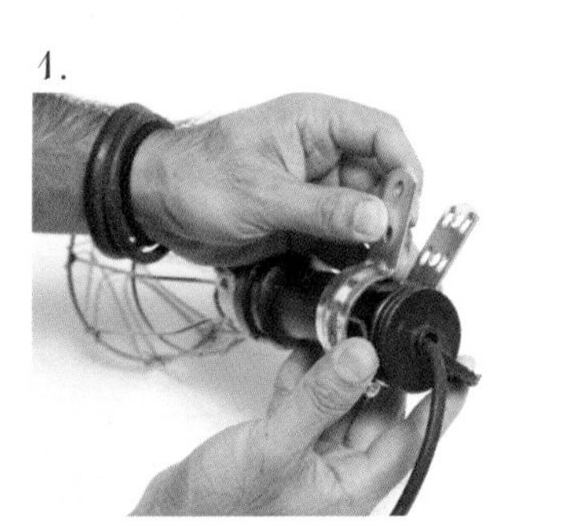

將蝶番式固定架夾在投光器手把的部分。

2.

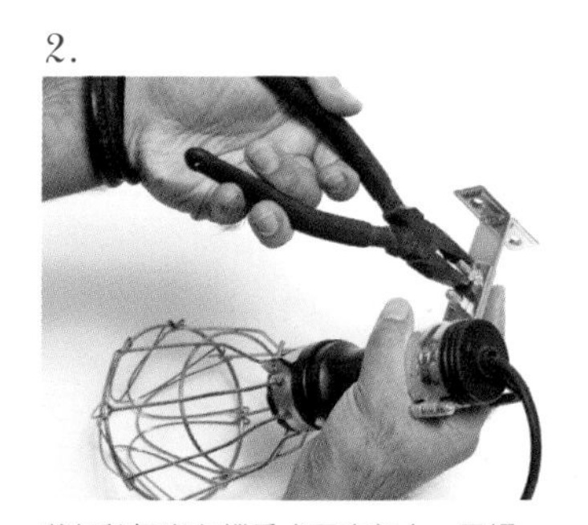

將打毽板嵌在蝶番式固定架上，用螺絲固定住

3.

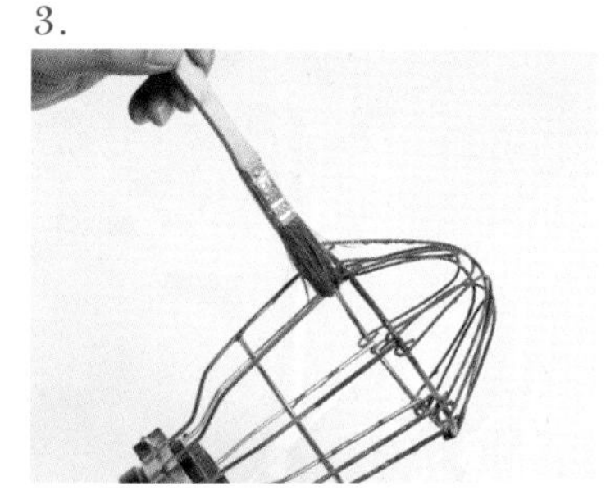

吊燈框架的部分，塗上加入生石灰的黑色乳膠漆(比例請參照p.21)。

4.

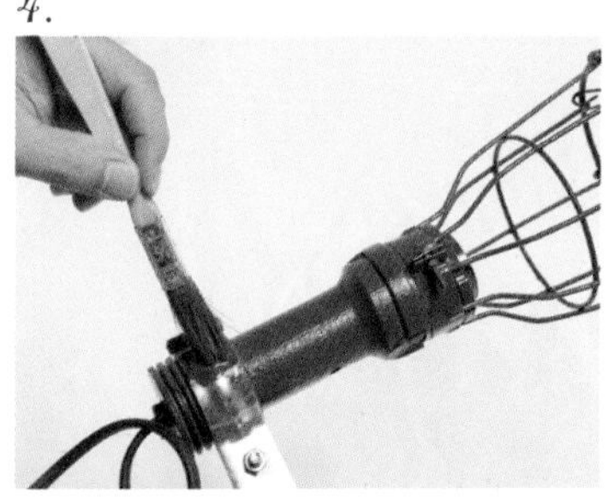

把手、蝶番式固定架及打毽板(除了設置在牆壁那面)也塗上加了生石灰的黑色乳膠漆。

5.

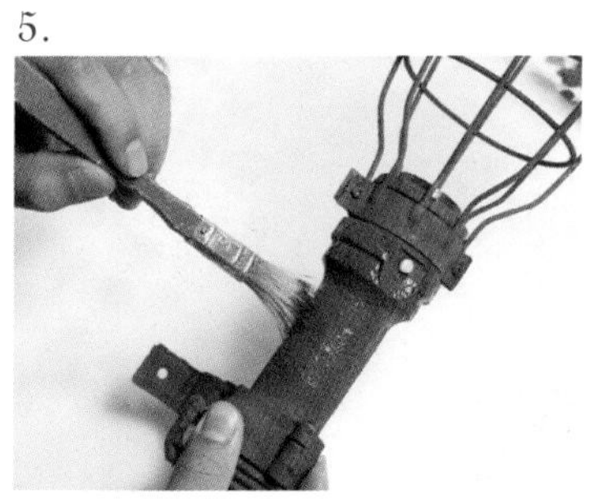

塗料乾掉後，整體塗上酒紅色乳膠漆，然後一邊調整色澤的平衡來添加黑色乳膠漆。

Finish!

{ 改造的物品③ }

完美變身的巧克力櫃

在二手商店找到的日本人偶玻璃櫃，
改造成50年代在美國所使用的巧克力櫃。
非常適合用來展示最珍貴的收藏品。

將日本人偶玻璃櫃改造成褪色的巧克力櫃

這個收藏櫃改造成1950年代用來促銷的巧克力櫃。古老的巧克力櫃一直被認為是珍貴的收藏品，從我以前在照片上看過之後，就心想有一天一定要做出一個。而我用來改造的就是日本人偶用的玻璃櫃，用裝飾條修飾外框、再加上玻璃層板的話，感覺就會完全不一樣。當然，重點還是在於上色。

在我虛擬的故事背景中，這個巧克力櫃是一直擺在店面、等到店面改裝時才將它收到店裡面。做出褪色般的風格，是為了要呈現出日曬、堆滿髒汙以至於櫃子舊化的氣氛。順帶一提，約翰為了裝飾自己所收集來的重要寶物，因此使用了這個巧克力櫃。

1950年代的巧克力櫃是和人偶玻璃櫃相同大小(高度54cm)的為主流。

Detail

做為底色的卡其色，不要全體都均勻塗抹，一邊上漆一邊做出色斑，就可以呈現出日曬褪色後木頭的顏色。右下方照片是櫃子的底面，紅色和黑色不要混在一起、只要作出色斑的感覺即可。

{ 改造的技巧 }

改造物品：日本人偶用的玻璃櫃(W330×D290×H540㎜)

材料與工具：裝飾條A‧G(21×21×357㎜)二個／裝飾條B‧C‧H‧I(21×21×312㎜)四個／裝飾條D(21×15×312㎜)一個／裝飾條E‧F(21×15×292㎜)二個／透明玻璃板(305×245×3㎜厚)二片／L型金屬接頭(35㎜)8個／貼紙(297×50㎜)／生石灰／護條／刷毛／多功能接著劑／砂紙(細)／乾布(上蠟用)／油性筆

塗料：水性無光漆(黑色、紅色)／水性有光漆(卡其色)／蜜蠟(BRIWAX：Medium Brown)

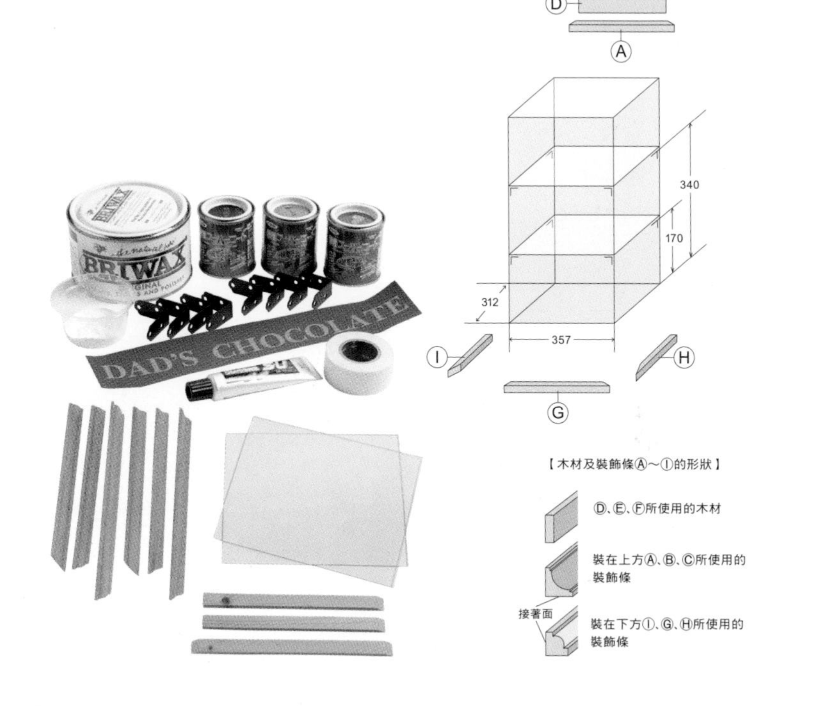

1.

用刷毛沾取黑色和紅色的水性無光漆，塗在盒內底部和背部並做出色斑。

2.

出現刷痕時，將刷毛豎直並輕輕地點觸來附著上色就能消除刷痕。

3.

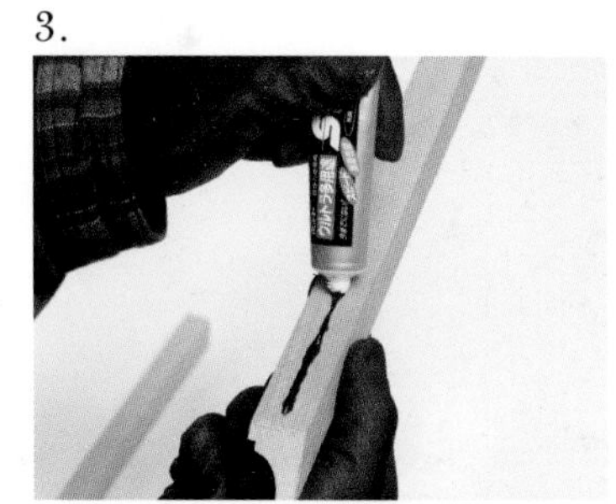

將裝飾條接在盒子最上方的三個邊緣。先在B裝飾條上塗上多功能接著劑。

4.

將E黏著在裝飾條B上。同樣地將黏在上方邊緣的A和D、C和F兩兩用多功能接著劑來黏合固定。

5.

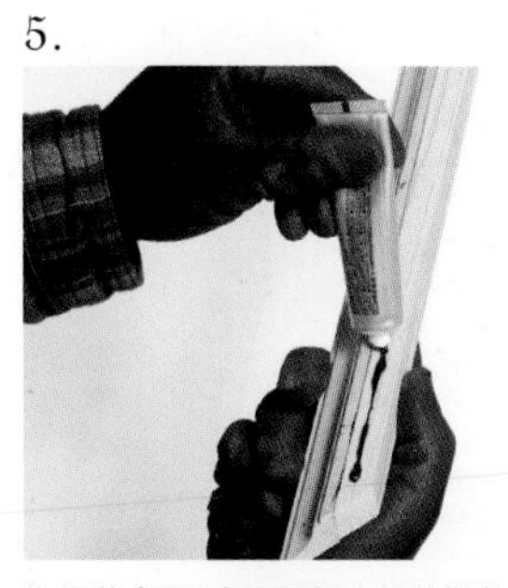

為了將步驟4中兩兩組合好的裝飾條黏在盒子上方，我們在D、E、F裝飾板條內側塗上多功能接著劑。

6.

將步驟5的裝飾條黏在上方邊框，然後將盒子下方使用的裝飾條G、H、I接上。

Point

在9～11的步驟中，製作出日曬過褪色木頭的色澤感。在步驟9中，用少量的塗料做出色斑並留下一些地方透出下方的黑色底漆。在步驟10中，為了使在步驟8和9中所塗的兩個顏色看起來更自然，用砂紙輕輕地擦拭。

7.

準備在黏著上去的裝飾條上著色。首先，在裝飾條以及連接板條的玻璃面外框上貼上保護膠。

8.

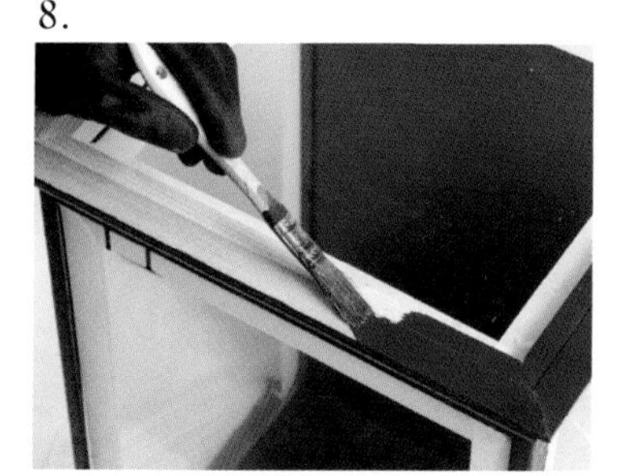

用加入生石灰的黑色水性無光塗料塗抹於裝飾條及外框整體(比例請參照p.21)，然後使其風乾。

9.

用乾刷毛沾取少量卡其色的水性有光塗料，塗抹塗料時輕輕地做出像是有裂縫的感覺。

10.

步驟9中的塗料乾掉後，用砂紙輕輕地擦拭表面去除上色後的痕跡。

11.

用少量的蜜蠟輕輕地塗抹在表面、盡量不要讓它滲入裝飾條的凹槽處，然後再用乾布擦拭。

12.

將印了自己喜愛文字的貼紙貼在玻璃前方。

13.

用尺測量透明櫃中即將架設層板的位置，並用油性筆做記號。分為上下2段、每段在四個角落做記號。

14.

在步驟13中所做記號之處，用多功能接著劑固定上L形金屬接頭。

Finish!

{ 改造的物品 }

鐵製(鑄鐵製管)的站立式衣帽架

這是一個強調金屬厚重感與硬度的造型衣帽架。
沒想到，它的材料竟然是鑄鐵製的水管！
更換水管的粗細或長短以做出原創的
設計也是有趣的作業。

重點在於金屬的素材感擦拭掉塗料來創造出獨特的風格

燒付塗裝過的鐵作為本體，加上裝飾用的黃銅零件，就成了較為冷硬感覺的衣帽架。約翰愛用的帽子或粗棉布的工作服，進門後能馬上掛在放置在門邊的衣帽架上。

使用的材料並不是鐵或黃銅，而是從購物賣場入手的鑄鐵製水管。鑄鐵和塑膠製水管不同，它不能任意切割成自己喜愛的長度，而是用螺絲來鎖付連結，因此簡單地就能作出形狀。水管的長度或粗細有各式各樣的種類，就依照個人的喜好來玩出各種組合吧！想要掛上外套等較重的衣物時，就使用較粗的鑄鐵管，並將基座的寬度拉寬就能呈顯出安定感。

能享受各種組合樂趣的衣帽架。用銀或銅的壓克力塗料來替代金色的話，就能變成銀或銅的感覺。

Detail

彎頭(elbow)、管連接器、管蓋的凹處滲入黑色乳膠漆，就能夠做出黃銅的感覺。蜜蠟的微妙光澤更能表現出古金屬的細節。常接觸的部分，若能塗成快要掉漆的感覺就更能增添其真實感。

{ 改造的技巧 }

改造物品：鑄鐵製管

完成尺寸：W310×D310×H1610㎜

材料與工具：(A)鑄鐵製管彎頭½ 4個／(B)鑄鐵製管連接器½ 5個／(C)鑄鐵製絲接管½ (65㎜) 6個／(D)鑄鐵製管½ (30㎜)1個／(E)鑄鐵製絲接管½ (90㎜) 2個／(F)鑄鐵製絲接管½ (450㎜) 1個／(H)鑄鐵製管蓋½ 3個／金屬底漆／刷毛／乾布鑄鐵製絲接管½ (950㎜) 1個(壓克力塗料或乳膠漆用、蠟用)

塗料：乳膠漆(黑色)／壓克力塗料(金色)／蜜蠟(BRIWAX：Medium Brown)

使用Old Village廠牌的塗料時：
Black

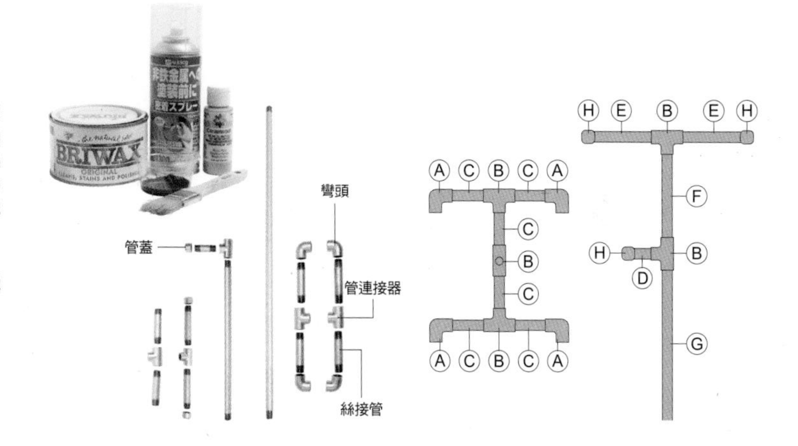

1.

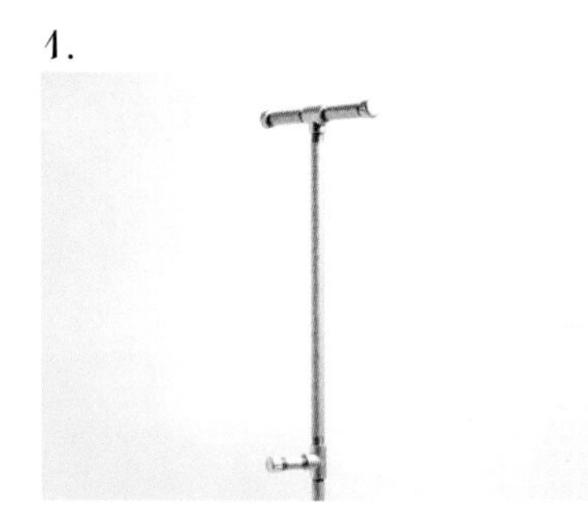

將鑄鐵製管彎頭、管連接器、絲接管及管蓋，參照上圖的說明組合起來。

2.

組合完後，全體噴上金屬底漆。

3.

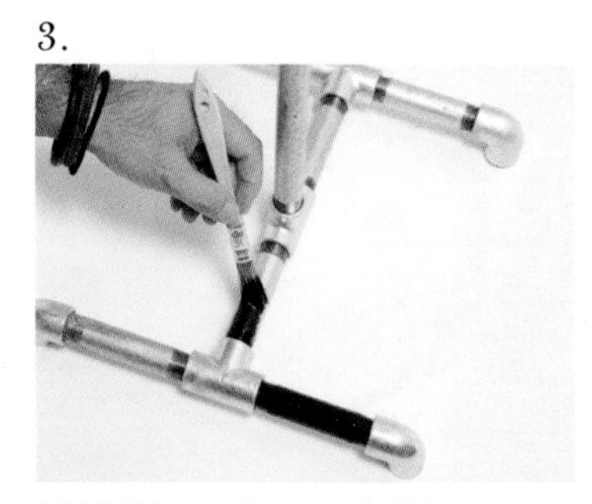

絲接管的部分用黑色乳膠漆塗抹。

4.

這是塗抹完黑色乳膠漆後的狀態。

5.

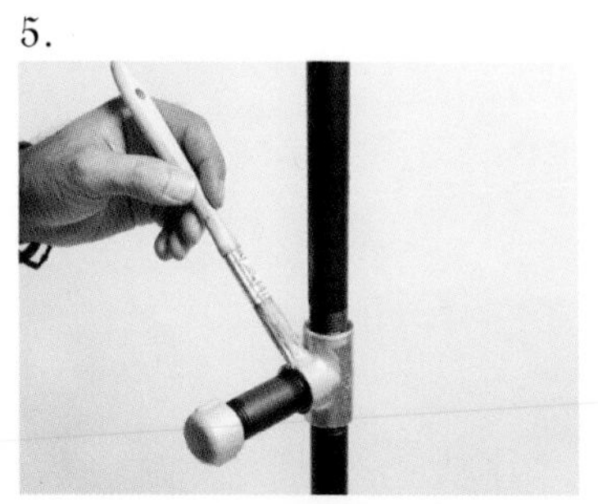

用金色水性塗料塗在彎頭、管蓋及管連接器上。

6.

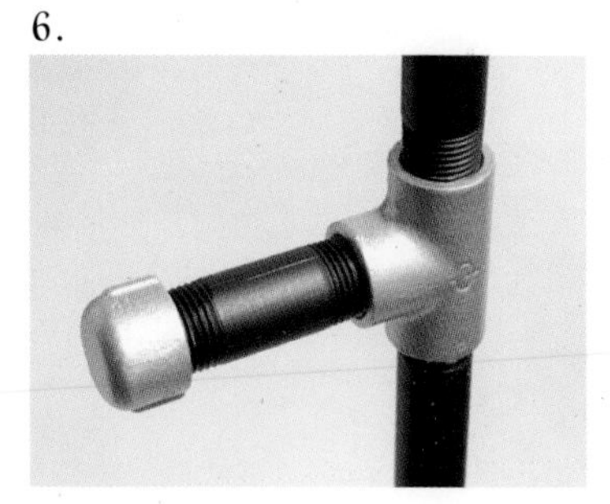

這是上色後的樣子。

Point 剛購買的鑄鐵管塗上防止生鏽的油。在第2步驟中，為了使水性塗料能確實地著色，所以噴上了大量的金屬底漆。

7.

這是塗裝完基座的部分。

8.

在用金色塗裝過的彎頭、管蓋及絲接管上塗上黑色乳膠漆。

9.

準備濕布以備在上漆後立即擦拭。

10.

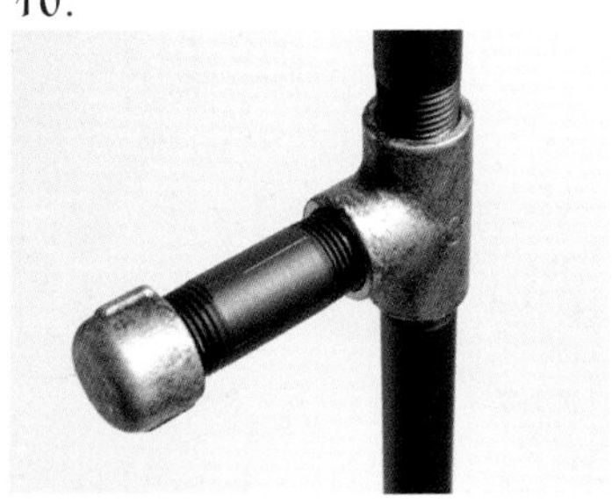

這是擦拭後的樣子。黑色乳膠漆只殘留在凹陷處，看起來就好像古老的黃銅。

11.

這是基座部分擦拭掉黑色乳膠漆後的樣子。

12.

全體均勻塗上蜜蠟，用乾布輕輕地擦拭並注意不要產生擦痕。

13.

同樣地也在基座部分塗上蜜蠟，並用乾布輕輕擦拭。太用力的話塗料容易剝落，這點請特別留意。

Finish!

{ 改造的物品⑤ }

仿古塗裝的展示櫃

沉穩感的展示櫃上裝飾著這個房間的主人
約翰所喜歡的物品。
用油漆的技巧來呈現出長年蓄積的風霜感與立體感。

Before

利用凹凸來呈現出立體感
做出物品使用過的老舊表情

近來電視櫃以簡單的設計為主流，像圖片中這樣厚重的並不常見。而改造這個電視櫃的理由是，它可以容易改造成仿古風和呈現出立體感。改造的作業內容就只有塗裝。一邊上漆一邊混合同色系的酒紅色及深咖啡色，也就是施以漸層塗裝。接著，塗上黑色乳膠漆後馬上剝落，並在角落灑上生石灰。控制最後加工用的蜜蠟、留下一些粉狀，就能呈現出因為長年持續使用而累積的「風霜感」。

維持它原有的厚重感、並施以內斂的印象，凸顯出裝飾的物品。

用酒紅色與深咖啡色這樣的同色系漸層塗裝法，來呈現出長年使用過的老舊感覺。用滲入裝飾條凹溝或角落中的白色生石灰與底色形成的對比，來表現出立體感。

{ 改造的技巧 }

改造物品：電視櫃
(W1200×D390×H450mm)
材料與工具：生石灰／刷毛／乾布(乳膠漆用、蜜蠟用)
塗料：乳膠漆(黑色、酒紅色、深咖啡色)／蜜蠟(BRIWAX：Medium Brown)
使用Old Village廠牌的塗料時：
Black
British Red
Child's Rocker Dark Red

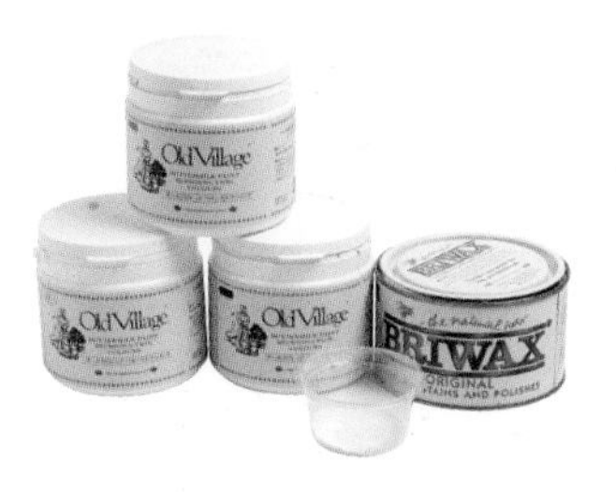

Point 在步驟5中，塗抹蜜蠟於凹溝或角落，就會將能表現出立體感的生石灰消除，所以蜜蠟請輕輕地塗抹在突出的地方或平面。

1.

用刷毛交互地沾取酒紅色與深咖啡色的乳膠漆，塗抹在整個電視櫃上。

2.

步驟1的塗料乾掉後，再用加入生石灰的黑色乳膠漆(比例請參照p.21)塗抹在整個電視櫃上。

3.

塗裝完成後，用濕布擦拭。平面的地方透出較多的底色，角落則是做出殘留黑色的感覺。

4.

用乾刷毛在裝飾條的角落或有凹溝的地方刷上生石灰。

5.

整體用蜜蠟輕輕地塗上，然後用乾布擦拭掉多餘的蜜蠟。

Finish!

{ 改造的物品⑥ }

用廢棄材料做成的拼接風滾輪桌

收集沒有丟掉而留下來的廢材，
試著將它們用來當作桌子的桌板使用。
如果木頭之間有細縫的話，
就用蜜蠟來塗滿吧！
持續使用過程中髒汙滲入細縫中，
反而別有一番風味。

想要體驗木材的質感
有效利用廢材改造的桌子

如果進行木工的話，一定會產生的是半長不短長度的木材。覺得丟掉很可惜所以留下來的廢材，因為心想能不能拿來做些什麼而開始了改造，成果就是圖片中的桌子。這次的作品，我把木材跟不想要的不銹鋼材組合在一起，完成了可移動式的滾輪桌。

在組合桌板時，不考慮木材色的平衡也無所謂。因為使用各種樹種的木材，在塗上蜜蠟後會變成什麼顏色，都是無法預料的。

有些專門進口古董的店，也有出售一些古董古材。古材可以增添質感與風格，只要組合上2、3片真的古材，那麼整體的感覺就會加分。

沉穩又具重量感的滾輪桌。使用越久木材的感覺也會變化，會漸漸地變成色澤較深的表情。

Detail

用加入生石灰的乳膠漆塗抹在不銹鋼架上以做出厚度。因為桌板的部分用L型金屬接頭來固定，所以巧合地將桌板和支架的感覺連結起來。桌板的部分使用了各種樹種的木材，因為每種木材吸收蜜蠟的狀況不同，若是古材的話、可能邊角會被消除或者是會出現凹洞。那麼就試著品味各種不同風貌的差異吧！

{ 改造的技巧 }

改造物品：不銹鋼架
(W610×D460×H540mm)

材料與工具：廢材(40㎜寬)適量／木材A(645×75×18㎜)2根／木材B(460×75×18㎜)2根／木材C(610×230×12㎜)2根／螺絲(35㎜)38根／L形金屬接頭(75㎜)4個／波浪釘2根／生石灰／電動起子／鐵鎚／鋸子／砂紙(細)／刷毛／木工用接著劑／乾布(乳膠漆用、蜜蠟用)／金屬底漆

塗料：乳膠漆(黑色、酒紅色)／壓克力塗料(銅)／油性著色劑(胭紅色)／蜜蠟(BRIWAX：Medium Brown)

使用Old Village廠牌的塗料時：
Black
British Red

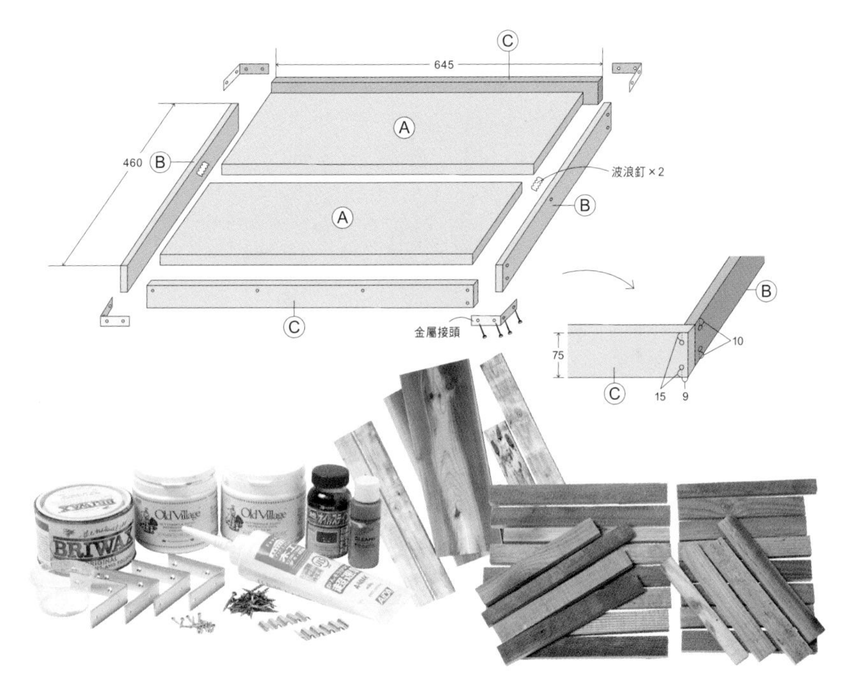

1.

均勻在整個不銹鋼架塗上加入生石灰的黑色乳膠漆(比例請參照p.21)，並使其風乾。

2.

滾輪蓋等小細節也不要忘記，確實塗上喔！

3.

這是整體上漆後的樣子。

4.

用乾刷毛沾取紅色乳膠漆，輕輕地用點觸法塗上，注意除了關節的部分以外都要上色。

5.

桌腳關節部分用銅的水性塗料來塗抹，並使其風乾。

6.

這是關節部分塗上銅色塗料後的樣子。

Point

因為我們要將各式廢材組合起來，所以木材的尺寸有誤差的話，那麼桌板完成後就會產生細縫。這時候，只要在組合完成時大量塗上蜜蠟，讓蜜蠟來填補細縫即可。

7.

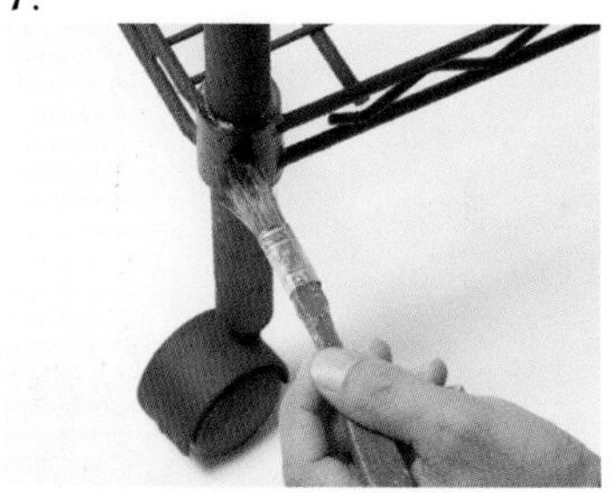

在塗抹過銅色壓克力塗料的關節部，再塗上一層黑色乳膠漆。

8.

準備沾濕的布，然後上漆後立刻擦拭掉塗料。

9.

這是擦掉塗料後的樣子。表面上加入些灰黑感，表情也變得有深度。

10.

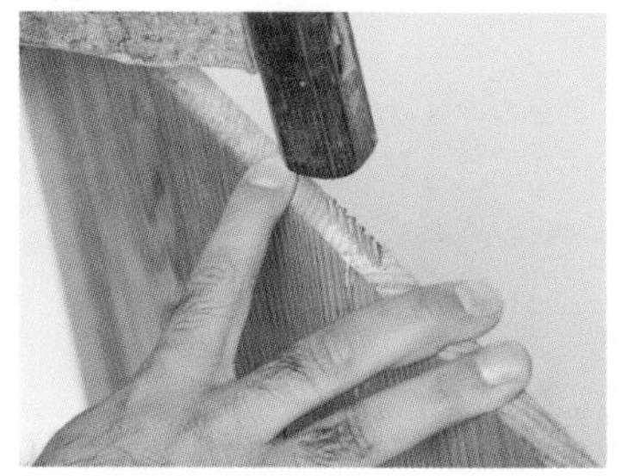

接下來製作桌板骨架的部分。在2片木材A上釘上波浪釘。

11.

在步驟10中組合好的骨架上放置廢材，以組合桌板。廢材突出骨架的部分，在其背面用鉛筆做上記號。

12.

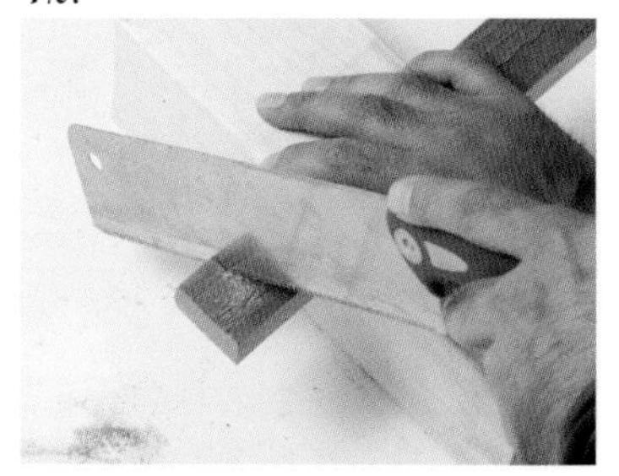

用鋸子切掉步驟11中作記號的部分。

13.

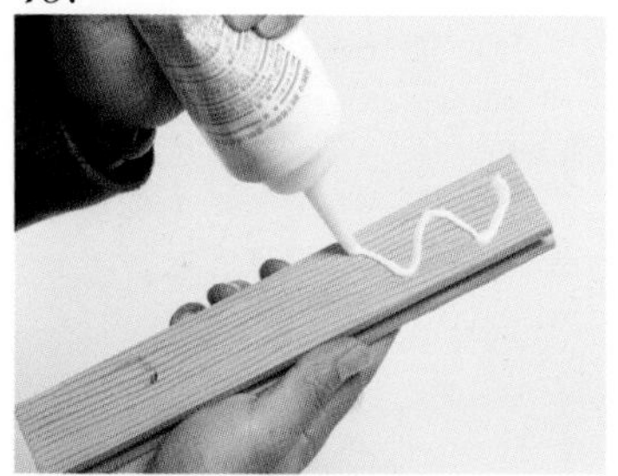

在長度吻合的廢材背面擠上木工用接著劑。

14.

將步驟13中處理好的廢材放置在骨架上固定。

15.

這是所有廢材固定後的樣子。請靜置到木工接著劑完全乾掉。

16.

將步驟15中組合好的桌板放置在不銹鋼架上，將木材B接合在桌板短邊並用螺絲固定

17.

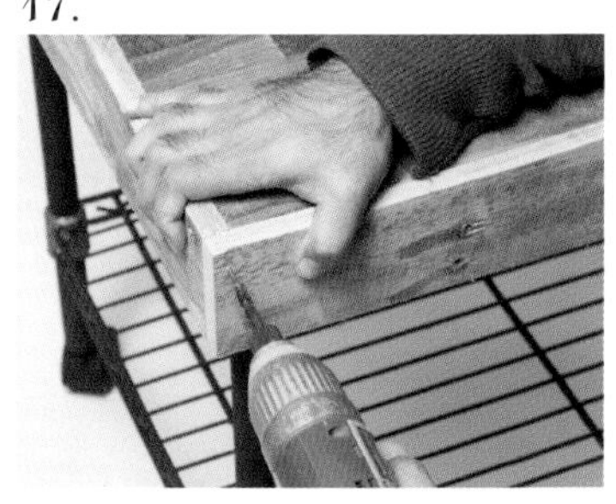

將木材C接合在桌板長邊並用螺絲固定。

18.

這是木材B、C都釘上的樣子。這樣一來，桌板就固定在不銹鋼架上。

19.

在L型金屬接頭上噴上金屬底漆，風乾後再用螺絲將接頭固定在桌板的四個角落。

20.

固定後，再用黑色乳膠漆塗在L型金屬接頭上。

21.

用砂紙研磨桌板表面，將表面粗糙不平的地方磨掉使其光滑。

22.

塗上油性著色劑，乾掉後再塗上蜜蠟。用蜜蠟來填補組合廢材之間的縫隙。

23.

用乾布擦拭，使蜜蠟能確實滲透桌板。

Finish!

{ **導覽伊波製②** }

Funiture production
為了「秘密基地」而訂製的家具

位於東京都目黑區的「CHUM APARTMENT」，
是知名藝人chiharu小姐所企劃的咖啡廳。
為了這個以秘密基地為主題的空間，
我製作了拼接風的桌子。

好像哪裡藏了秘密般的木箱拼接桌

因為雜誌工作的關係，Chiharu小姐來到我的店『THE OLD TOWN』。因為這樣的緣分，大約從三年前開始能夠有機會讓自己製作的家具被『CHUM APARTMENT』所使用。

左邊的照片就是一樓咖啡廳的一角，而圖片中的桌子就是由我所製作的。因為Chiharu小姐給我的主題是「秘密基地」，所以我所製作的是木頭的拼接桌以及木箱桌。將各個小木箱用L型金屬接頭固定，組合成一個大木箱。就好像是將紙箱打開又關起來這種感覺。

左圖：包廂般的空間就好像是秘密基地，桌子是用一大一小所組合起來的L字型。
右圖：放上玩具的藍色桌板，其實原來是門板。

左圖：木箱桌加上把手，不自覺地就會想要窺探木箱內部。其他像是2樓的店面、公共空間角落的「金屬立燈」(請參照p.151)或迷你尺寸的椅子等，都是我的作品。

*關於這家店的詳細資料請參照P.173。

Interior Style 3.

純白風格的室內裝潢

常常容易被認為是冷淡無表情的白色，
其實是個表情豐富又有個性的顏色。
並排著各種漸層感白色家具的房間，
既簡單又新穎，同時整合了相反的世界。

{ White Interior }

表現出漸層感的純白風室內裝潢

想要被自己喜愛的東西所圍繞著生活。
自己要是喜歡居家裝潢的話，就會自然地認為大家都是這麼想。
Susie所居住的這個房間裡，
並排著她所精心選擇、表情豐富的白色家具。

LONDON
REPUBLIC

{ 改造的物品 }

1.木製椅子
2.全身鏡
3.收納櫃&不銹鋼矮桌
4.橢圓摺疊桌
5.多功能斗櫃
6.木頭衣櫃

用白色來做出漸層感以演出具有個性又有統一感的空間

居住在這間房間的Susie小姐，是獨自居住在曼徹斯特的29歲女性。以白色為基礎的家具配上柔軟棉被的這個空間，Susie小姐在這裡吃飯、喝茶、休息、挑選衣服，這裡是她生活的中心。第一眼會覺得是個很女性化的空間，但是如果看到她在房間中放置了很多荊棘類植物的部分，就會覺得她不是個喜歡夢幻風格的主人。

這個房間的主題雖然是白，但是光只是白色的話，就會有點無表情而缺乏趣味感。斗櫃用偏黃色的白、衣櫃和鏡子則是用偏青色的白，試著加上微妙的顏色變化。桌子和椅子的塗裝方法雖然不同，但是桌椅兩個顏色的調性還是必須要相似，以作為一套一起使用。

這個房間中所使用家具的主題是，「表現出漸層感」。白色是容易呈現出漸層感的顏色，只要用不同的塗料組合或使用方法，就可以做出各式各樣的表情。木頭衣櫃或鏡子，可以用象牙白、天藍色和綠色三個顏色來呈現漸層感、陰影以及立體感。另外，桌子雖然只用了一個顏色，但是我運用了仿古漆所做成的髒污來調整濃淡。全體來看雖然都可以統一成白色，但是單看的話，就會發現每個家具都很獨特且帶有豐富的表情。即使要改造的家具形狀很正統、規矩，但還是可以加工成個性化的家具。這間房間裡的家具，不管哪個都是靜靜地主張它們的個性且融合成一個空間。

因為白色是容易顯髒的顏色，所以在實際使用的過程中，就會出現傷痕或掉漆的狀況吧！雖然這些都是我所預想的狀況，但真的很希望這些家具能夠在被使用的過程中增添更多真實感。

{ 改造的物品① }

享受使用多種顏色樂趣的椅子

到底是經過了多少歲月痕跡
重新粉刷過幾次才成了今天的狀態呢？
給人這種感覺的是餐桌椅，
是重疊上漆、剝落、然後重複動作，
運用重疊工程使作品的表情更加豐富。

分散四個顏色並用象牙色
使整體感更別緻優雅

形狀正統的椅子，是Susie的愛用品。這張椅子是用綠色、深咖啡色及象牙色重新粉刷多次而成。淡藍色和淡黃色會不均勻散布是因為，最近我在重新粉刷牆壁時把椅子拿來當成腳踏墊使用之故。現在則是一邊抱持著「反正之後再用別的顏色重新粉刷就好」的心態、一邊使用。

這張椅子的底色是靠背和椅腳的綠色，以及坐墊上的亮褐色。上塗所使用的象牙白，不管和什麼顏色都很合，因此剝落塗料時，這兩個顏色也可以作為底漆使用。另外再加上淺黃色和淺藍色這兩個顏色，更豐富了作品的表情。

為了能清楚看見塗料剝落的狀況，請選擇正統正規的椅子。

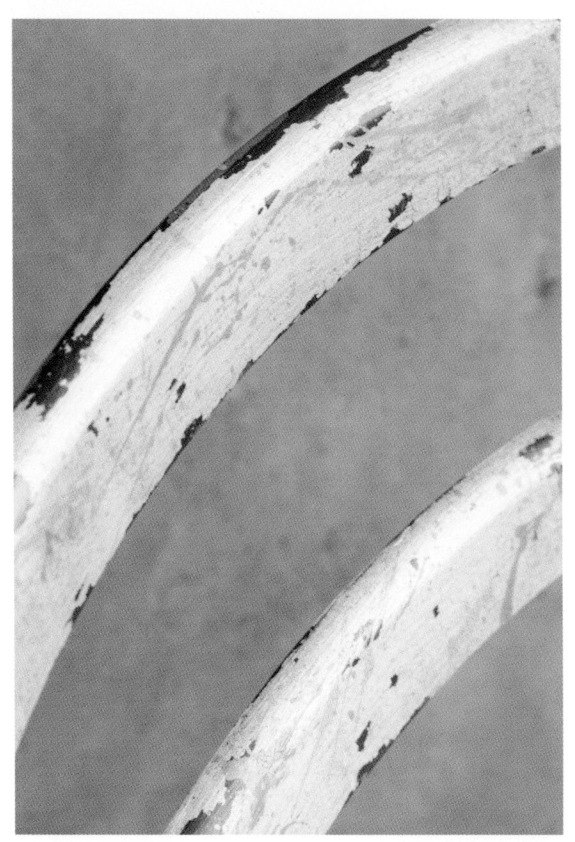

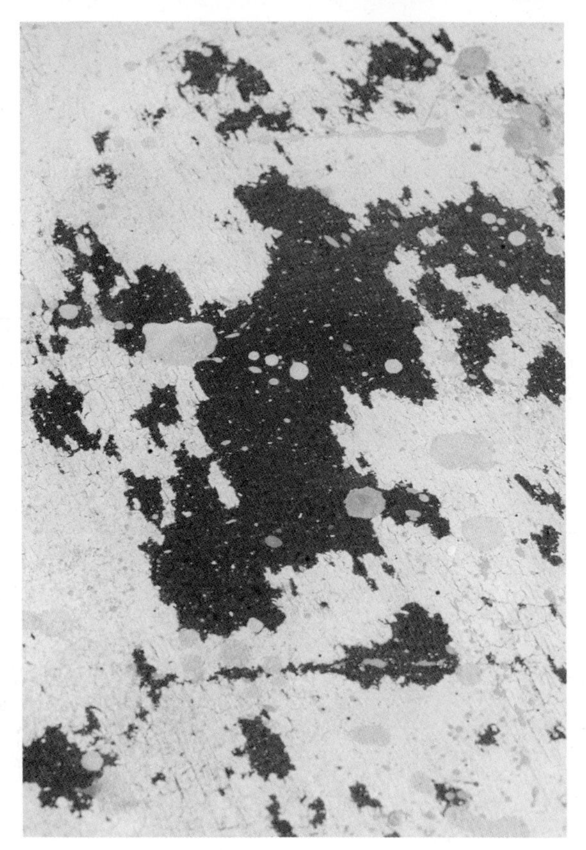

Detail

Detail這種塗裝法最大的特色，就是塗裝剝落的狀況。剝落塗料時，要先考慮到哪個部分剝落得多才會看起來自然，然後才進行剝落作業。坐墊、靠背或者是有稜角的部分，都用濕布大範圍地剝落塗料。

{ 改造的技巧 }

改造物品：木製椅子(W440×D430×H870㎜)

材料與工具：針眼錐／刷毛 ／乾布(乳膠漆用、仿古漆用)

塗料：乳膠漆(深咖啡色、象牙白色、淡黃色、淡藍色)／仿古漆／龜裂漆

使用Old Village廠牌的塗料時：

Child's Rocker Dark Red
Corner Cupboard Yellowish White
Fancy Chair Yellow
Dressing Table Blue
Brown Graining/Antiquing Liquid
All cracked up

1.

塗抹作為底漆的深咖啡色乳膠漆於整張椅子上，並使其風乾。

2.

坐墊上也用深咖啡色乳膠漆來塗抹，並風乾。

3.

然後整張椅子再塗上龜裂漆並風乾。

4.

這是龜裂漆上漆後的樣子。

5.

龜裂漆乾掉後，再塗抹象牙白色乳膠漆在整張椅子上並風乾。

6.

這是象牙白色乳膠漆塗裝後的樣子。

Point

利用布或針眼錐剝落塗料時，不要太過用力、慢慢地剝落它。特別要注意具光澤感的材質，只要太過用力的話塗料就很容易整塊剝落。

7.

龜裂漆會吸收乳膠漆的水分，使得整個塗裝面都呈現龜裂狀態。

8.

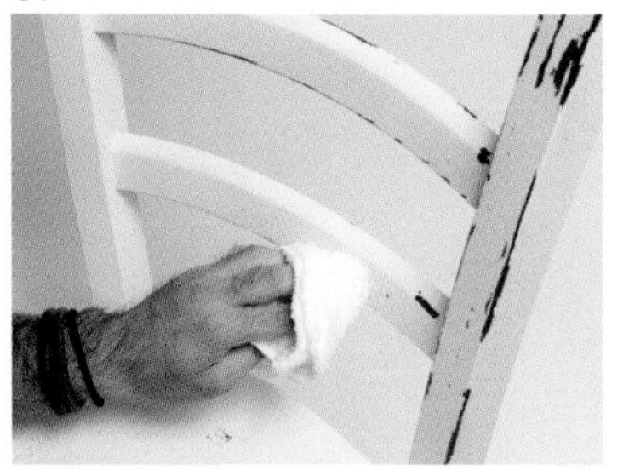

用濕布擦拭來剝落塗漆。不要過度施力，只要一邊注意剝落的狀況、一邊輕輕地擦拭即可。

9.

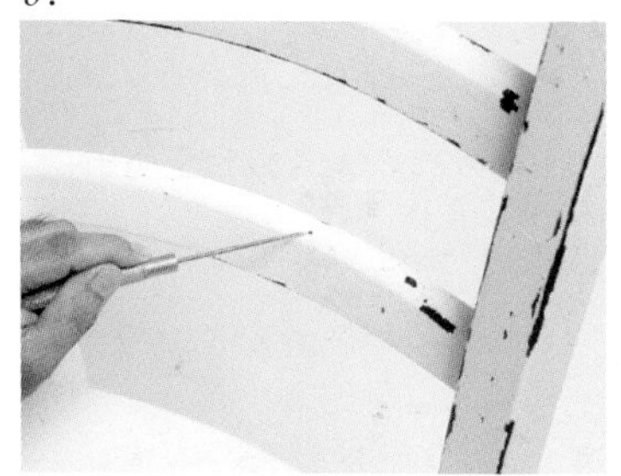

要更細膩地剝落塗漆時，可以用針眼錐輕輕地剝

10.

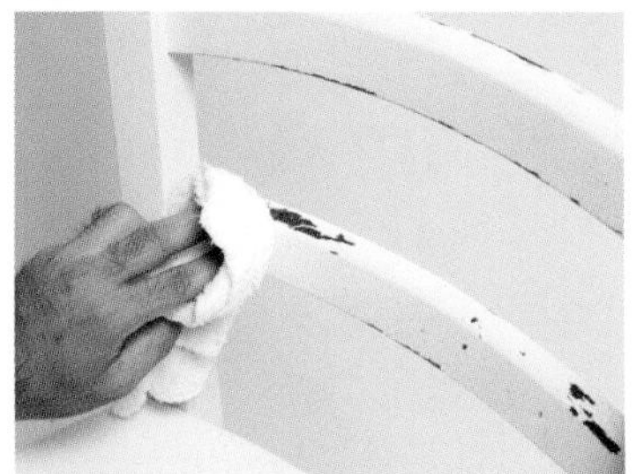

要大面積地剝落塗漆時，可以使用布來擦拭。

11.

接觸人體面積多的部分，就剝落掉較大面積的塗漆。

12.

這是塗漆剝落後的樣子。

13.

在坐墊的前緣，甚至剝掉底漆的咖啡色塗料、透出椅子原來的顏色。

14.

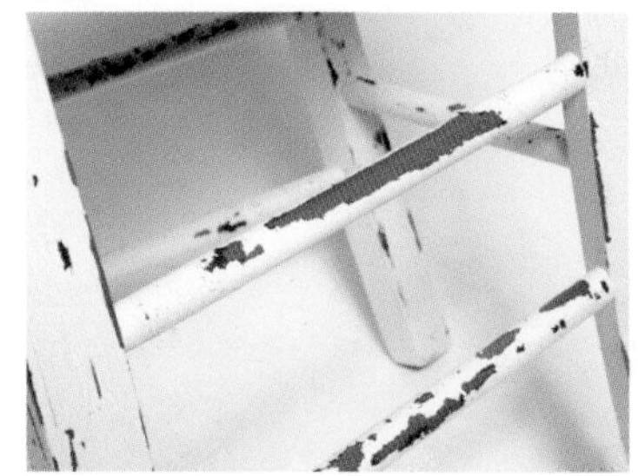

另外也透出部分綠色底漆，呈現出這張椅子好幾次重疊上漆的感覺。

15.

用細刷毛沾取一些淡黃色的乳膠漆，用手指潑漆的方式來上色。

16.

用刷毛沾滿乳膠漆，上下震動刷毛使塗料自然地滴落在椅子上。

17.

同樣地，也利用相同的方法將淡藍色乳膠漆的顏色散落在整張椅子上。

18.

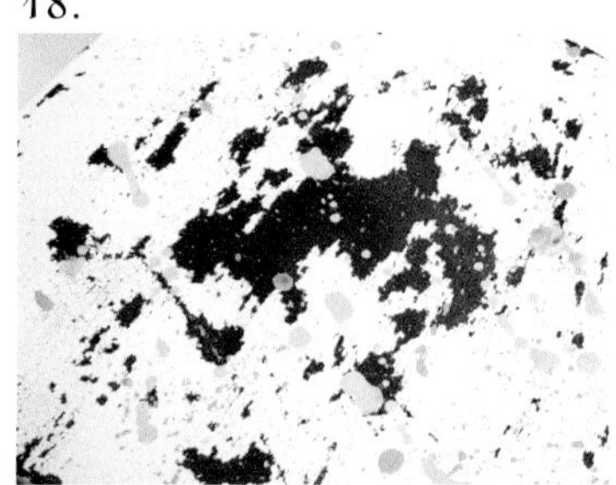

這是淡藍色和淡黃色塗料著色後的樣子。

19.

這是靠背部分著色後的樣子。

20.

乳膠漆乾掉後，再塗上仿古漆在整張椅子上。

21.

用乾布將多餘的仿古漆擦掉。

Finish!

{ 改造的物品② }

多層框的全身鏡

將細長又簡單的形狀，
變身為厚重又有深度的古董鏡。
其秘密就在於，重疊多種裝飾邊框
並利用塗裝技巧來做出層次感。

Before

利用裝飾條增加厚度
運用重疊上漆來呈現出立體感

要在邊框細又具豪華感的鏡子上增加厚重感的話，那麼做出厚度和深度是必要的。而這當中最活躍的就是裝飾條。裝飾條不管是尺寸或形狀的種類都很多，與其裝上一個大的、不如重疊幾個細的，這樣不僅容易加工、也能夠呈現出厚度和深度。

另一個重點就是，呈現出厚重感顏色的使用方法。要作出厚重感一般都會考慮用深色，但是白色系其實也可以做出相同的效果。利用加入生石灰的塗料來做出厚度，然後運用灰色或淺藍色等同色系的顏色做出漸層感，那麼就可以表現出作品的凹凸感、立體感以及厚重感。

重疊上了好幾個顏色的話，遠遠地看就能看見凹凸感。邊框的顏色如果換成黑色或金色的話，看起來就會像是古老畫作的邊框。

Detail

灰色、淡藍色、象牙白色所呈現出的微妙漸層感。用砂紙研磨平面部分、外框以及邊角的部分。因為生石灰的效果削平了凸面，使得底漆的綠色和木材本身的質地得已透出而呈現出古董邊框的質感。蜜蠟滲入陰影和凹陷的地方，更凸顯其立體感。

{ 改造的技巧 }

改造物品：全身鏡
(W330×D15×H1200㎜)

材料與工具：木材A(40×45×405㎜)2根／木材B(40×45×1275㎜)2根／裝飾條A(21×21×405㎜)2根／裝飾條B(21×21×1275㎜)2根／裝飾條C(15×15×330㎜)2根／裝飾條D(15×15×1200㎜)2根／螺絲(55㎜)24根／L型插銷(12㎜)38根／生石灰／木工用接著劑／遮蓋膠布／砂紙(細)／釘槍／乾布(蠟用)／刷毛

塗料：乳膠漆(象牙白色、黑色、淡藍色)／蜜蠟(BRIWAX：Medium Brown)

使用Old Village廠牌的塗料時：
Corner Cupboard Yellowish White
Black
Dressing Table Blue

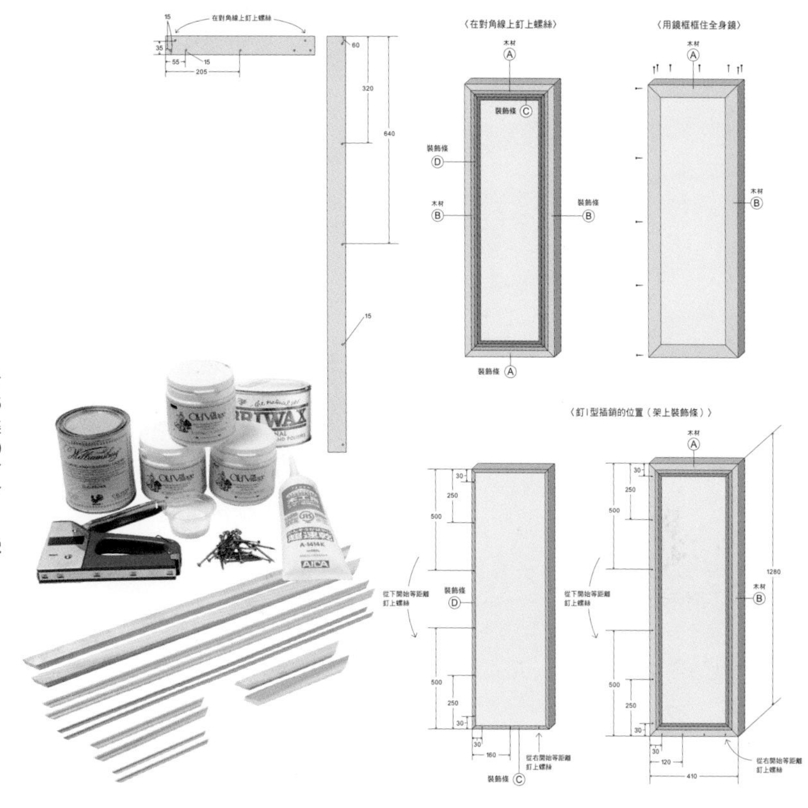

1.

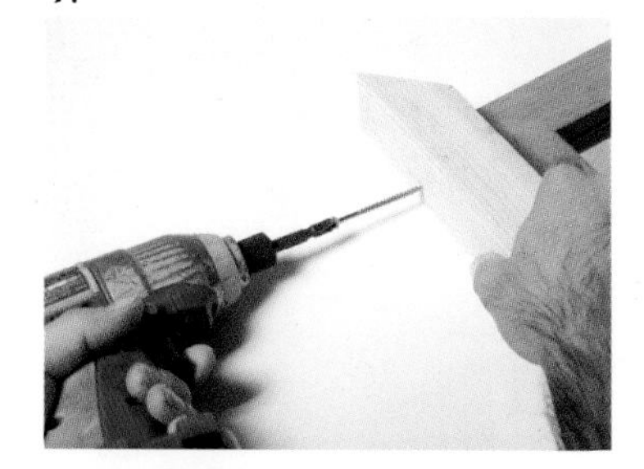

將木材A用螺絲固定在鏡框的長端，使用釘槍時注意不要傷到鏡面。

2.

將木材B用螺絲固定在和木材A垂直的鏡框短端。

3.

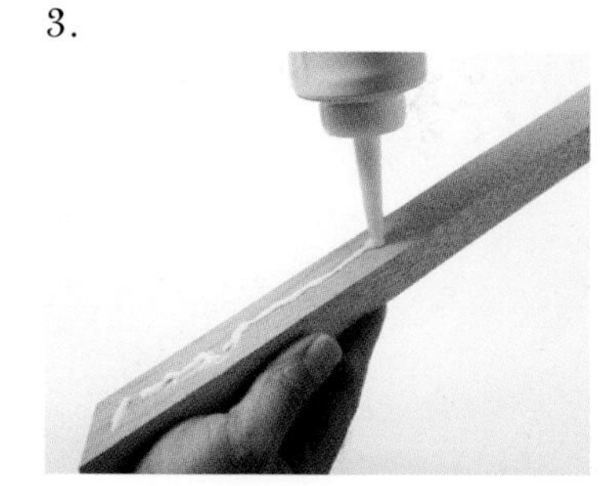

在裝飾條A的背面塗上木工用接著劑。

4.

將裝飾條A固定在已經固定於鏡框的木材A上，同樣地也將裝飾條B固定在木材B上。

5.

步驟4中的黏著劑風乾後，釘上L形插鞘使其完全固定。

6.

在裝飾條C的背面黏上木工用接著劑，然後黏著在木材A的內側。

Point

斜切接合(組裝邊框時，將要組合的兩方接口切成45度組合，使得木頭的切口不會外露)時，要是角度或長度有誤差的話，那麼就不能縝密接合。木材或裝飾條在用螺絲或L型金屬接頭固定前組合好，無法完全密合時，可以使用電動圓鋸、鋸子或砂紙來調整角度或長度。另外，斜切接合後要是出現縫隙時，用加入生石灰的乳膠漆塗抹，讓塗料滲入縫隙並埋進其中。當生石灰凝固後，縫隙就會變得不起眼了。

7.

步驟6中的黏著劑乾掉後，釘上L形插銷使其完全固定。

8.

這是木材A、B、裝飾條A～D安裝後的樣子。和改造前的狀態相比的話，厚度增加不少。

9.

為了使鏡面不要沾附到塗料，因此上漆前先貼上遮蓋膠布。

10.

將加入生石灰的象牙色乳膠漆加入少量的黑色(比例請參照p.21)以調出灰色，然後大量地塗抹在鏡框上。

11.

步驟10中的塗料乾掉後，再塗上象牙白色乳膠漆並使其風乾。

12.

用刷毛交替沾取象牙白和淡藍色的乳膠漆，邊調整濃淡邊上漆。

13.

用砂紙研磨，然後一邊調整顏色的平衡、一邊研磨使底漆的綠色或木材原來的材質透出。

14.

用蜜蠟輕輕地塗上然後靜置，再用乾布擦亮。

Finish!

{ 改造的物品③ }

用收納櫃來作邊櫃

在簡單的收納櫃加上裝飾條或裝飾板，
那麼就變身為非常有古典風味的邊櫃。
近看的話，能感受它真實的凹凸感。
遠眺的話，仿古漆色斑的美特別顯眼。

用扎實的下塗法來做出凹凸感 讓作品變身為古董風

將密集板收納櫃和園藝賣場中找到的鐵製花盆架組合起來，改造成邊櫃。在收納櫃上貼上裝飾板或裝飾條，然後和有曲線的鐵架組合後，變身為有設計感的仿古風。

為了完全去除簡易收納櫃的印象，將含有生石灰的乳膠漆作為底漆大量地塗上、呈現出厚度。最後再塗上仿古漆，不僅厚度增加更強調出作品的凹凸感。

Susie將黃銅製茶壺或沖繩的抱瓶等異國風物品放在邊櫃裡，享受這種展式般的收納法。

因為只是把收納櫃放上鐵架而已，應不同用途將其上下顛倒使用也可以。

Detail

要將仿古漆擦掉時，將顏色較深的部分盡可能地擦白並作出色斑以增加真實感。收納櫃內部角落或面板上，只要殘留多一點塗料就會出現陰影。

{ 改造的技巧 }

改造物品：收納櫃(W420×D280×H600㎜)／鐵製花盆架(W310×D310×H390㎜)

材料與工具：木材A(40×20×310㎜)2根／木材B(40×20×460㎜)1根／裝飾條A(50×20×325㎜)2根／裝飾條B(50×20×480㎜)1根／木材C(210×560×12㎜)2根(在木材上畫上拱形，並用線鋸來切割)／L型插鞘(12㎜)12根／螺絲(30㎜)24根／電動起子／釘槍／刷毛／生石灰／木工用接著劑／砂紙(細)／乾布(仿古漆用)

塗料：乳膠漆(象牙白色、深咖啡色)／仿古漆

使用Old Village廠牌的塗料時：
Corner Cupboard Yellowish White
Child's Rocker Dark Red
Brown Graining/Antiquing Liquid

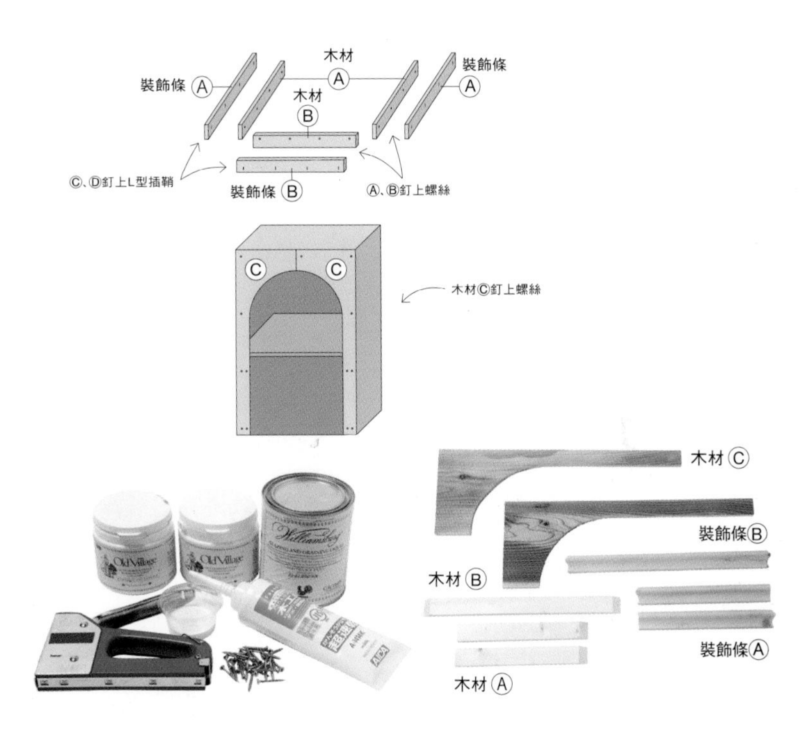

1.

在收納櫃前方邊框塗上木工用接著劑。

2.

將切成拱形的木材C黏在收納櫃前方。

3.

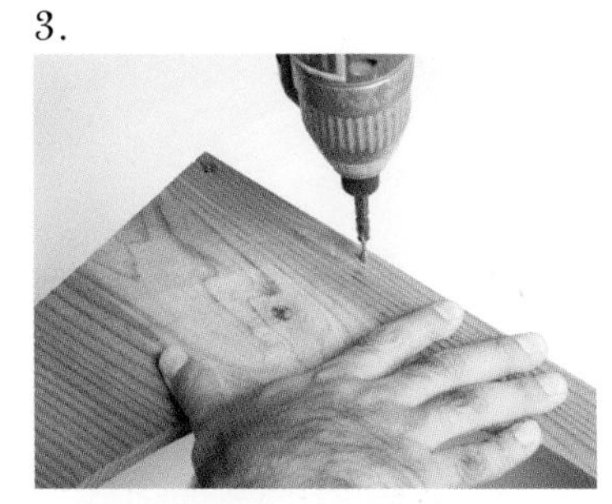

木工用接著劑乾掉後，再用螺絲固定。

4.

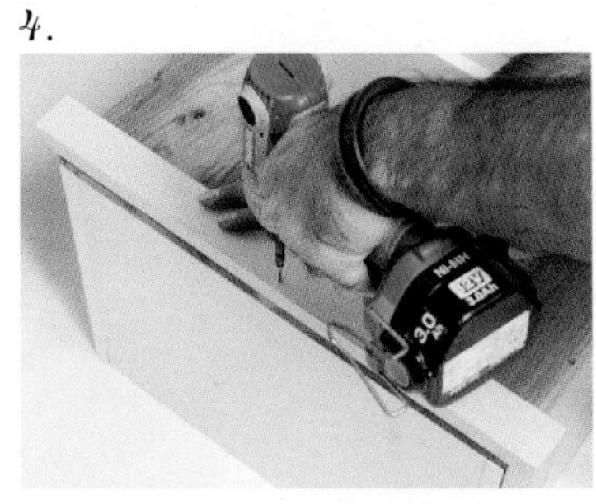

將木材B固定在收納櫃前的最上方，在高出收納櫃面板10㎜的位置用螺絲 等距離釘上。

5.

和步驟4相同、在收納櫃左右側的最上方固定上木材A。

6.

將裝飾條A、B重疊在步驟4、5中固定住的木材A、B上，並用L型插鞘固定。

Point

在步驟7中，為了消除收納櫃原來的質感，特別塗上了大量的深咖啡色乳膠漆來作為底漆。難以著色的狀況下，只要不斷重複塗抹即可。

7.

用加入生石灰的深咖啡色乳膠漆(比例請參照p.21)來塗抹整個收納櫃。

8.

和步驟7相同、用加入生石灰的深咖啡色乳膠漆塗抹整個花盆架。

9.

這是深咖啡色乳膠漆上漆後的樣子。難上色時就重複塗抹即可。

10.

和步驟9相同、這是深咖啡色乳膠漆塗裝後的樣子。

11.

乳膠漆乾掉後，用象牙色乳膠漆塗抹整個收納櫃並使其風乾。

12.

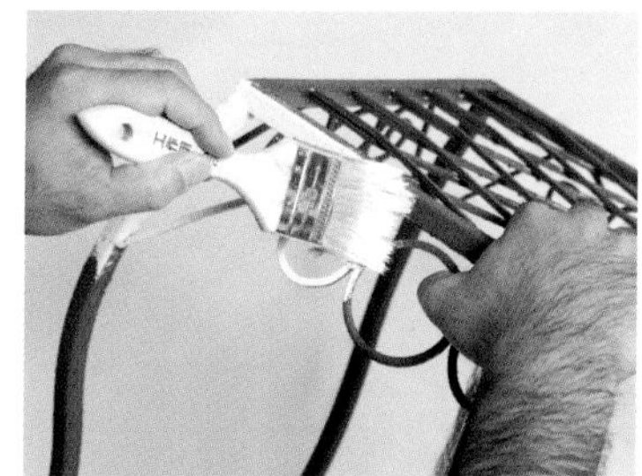

和步驟11相同、在花盆架上塗上象牙白色乳膠漆並使其風乾。

13.

這是象牙白色乳膠漆塗裝後的樣子。

14.

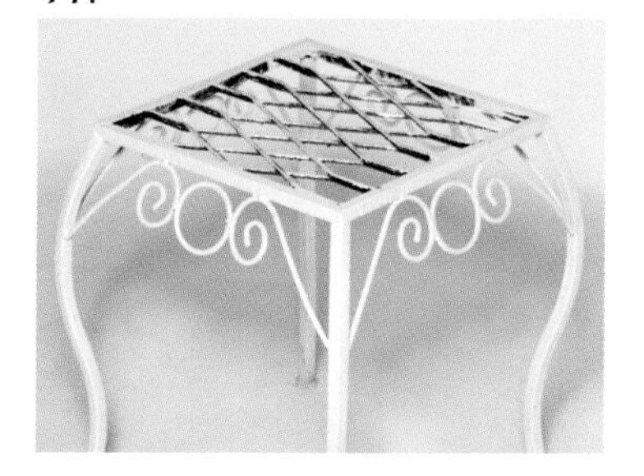

和步驟13相同、這是塗裝後的樣子。花盆架內側即使殘留了一些塗料也無所謂。

15.

用砂紙研磨收納櫃，使底漆的深咖啡色透出至自己喜好的狀態。

16.

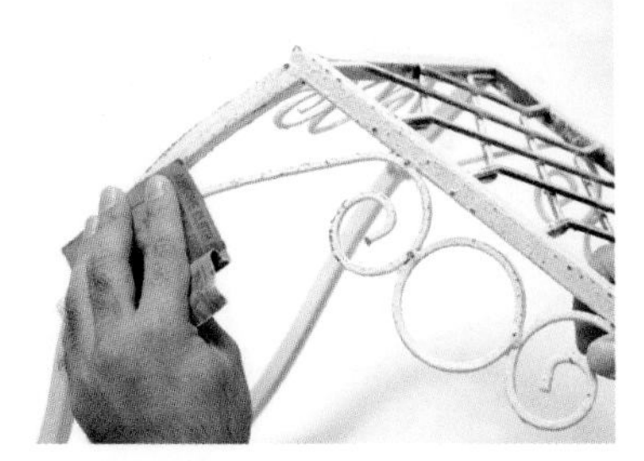

花盆架和步驟15相同、也用砂紙來研磨。

17.

準備乾布，在收納櫃上方塗上仿古漆。

18.

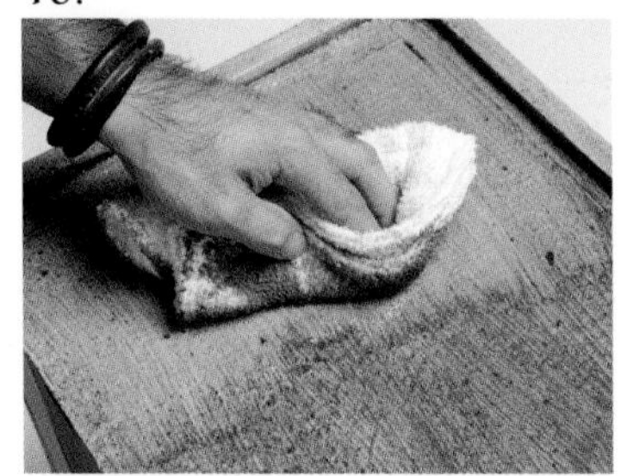

馬上用乾布擦掉仿古漆。一面塗完再塗下一面，趁著液體還沒乾掉前進行擦拭。

19.

這是擦掉仿古漆後的樣子。

Finish!

{ 改造的物品④ }

龜裂加工的橢圓摺疊桌

能簡單享受裂痕效果的龜裂漆
同樣的木頭、會依它是亮光漆加工過的、
或者沒塗裝過的，而呈現出不同的效果。
重疊塗抹乳膠漆和大量的仿古漆，
可以讓充滿裂痕且用亮光漆加工過的桌子，
變得更加厚實且精緻。

利用重複塗抹乳膠漆來調整裂痕的大小

橢圓摺疊桌的改造工程很簡單，就是重複上漆作業，最後確實地進行擦拭工作。正因為作業簡單，更要琢磨於細節處。一開始上龜裂漆的話，因為這張桌子原來上過亮光漆處理，所以塗料幾乎完全無法被吸收而凝固。但是如果塗上乳膠漆的話，效果就會很明顯，因此要作出大大的裂縫就要再塗上乳膠漆。而因為這樣裂痕會漸漸穩定，塗痕也會漸漸消失。

作業最後塗上的是仿古漆。變細的裂縫如果被滲入仿古漆的話，表情就會完全不同，藉此可以體驗有些老舊感的厚重味。

要加以柔和的印象，就必須使用乳膠漆來抑制龜裂漆的效果。桌子的側面加上日本製的老舊掛勾，更增添了復古的風味。

Detail

擦拭仿古漆的程度，會使得整體風格有很大的變化。大力擦拭的話，顏色就會偏白；力道較小的話，顏色就會偏深色。不管是不容易產生色斑的液體狀著色劑，還是不易滲透的仿古漆，都可以調整成自己喜愛的狀態。

{ 改造的技巧 }

改造物品：橢圓摺疊桌
(W860×D600×H630㎜)

材料與工具：鐵製掛勾3個／螺絲(10㎜)6根／電動起子／刷毛／乾布(仿古漆用)
塗料：乳膠漆(象牙白)／龜裂漆／仿古漆

使用Old Village廠牌的塗料時：
Corner Cupboard Yellowish White
All cracked Up
Brown Graining/Antiquing Liquid

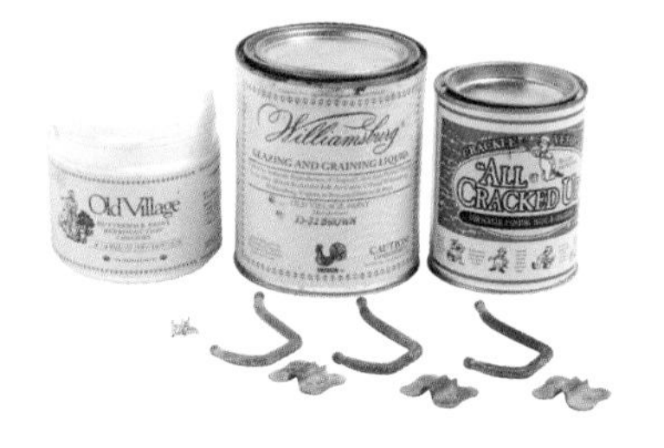

1.

均勻地塗上龜裂漆在整張橢圓摺疊桌，並使其風乾。

2.

再整個塗上象牙白色的乳膠漆，然後風乾。

3.

龜裂漆的效果馬上就會出現，乳膠漆上出現了裂痕。

4.

如果裂縫太大的話，就再塗上象牙白乳膠漆並使其風乾。

5.

大量地塗上仿古漆，使龜裂漆所產生的細縫也能被滲入。

6.

風乾3～5分，待塗料半乾時，用乾布來擦掉塗漆至自己喜歡的狀態。

Point

在亮光漆處理過的具有光澤的材質上塗抹龜裂漆的話，效果就會太過顯著而使得裂縫變得太大。為了抑制裂縫，就再塗上乳膠漆來處理。同方向塗上乳膠漆的話，滲入裂縫的方向就會一致，因此能加工得更美。

7.

同樣地，桌子下方的托盤也塗上仿古漆，在半乾狀態時用乾布擦拭。

8.

托盤平面的部分，過度擦拭會變得較白，此時殘留在角落的塗料，更能呈現出真實感。

9.

用螺絲在桌子的側面鎖上鐵製掛勾。

Finish!

{ 改造的物品⑤ }

掉漆正是其魅力的斗櫃

這個細長的斗櫃，是在二手商店找到的。
這種近乎冷淡的簡單感，就好像是東歐家具的感覺。
水性有光漆所做出的獨特質感，令人愛不釋手。

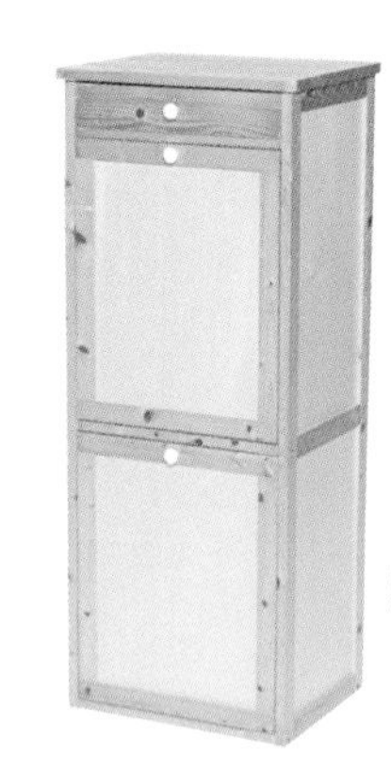

重疊塗上水性有光漆
來增添作品的現實感

水性有光漆跟乳膠漆比較的話，具有更確實密著的性質。即使使用了龜裂漆，只要不施力，塗料就不太會被剝落。但是，一旦被剝落的話，啪！就常出現整片一起剝落的狀況。因為重疊的綠色和象牙白色塗料彼此附著得非常緊密，所以能夠看到表面是象牙白、裡面是綠色這種有趣的色彩組合。因為我這次非常想要作出這種感覺，所以就使用了這種塗料。

形狀簡單的斗櫃，和水性有光漆所呈現出來有點庸俗的色澤感是很合適的。雖然斗櫃上已經有些許的髒汙，但還是現在正在使用的實用品。這就是我想呈現出來的氣氛。

作為裝飾的是等間距釘上的生鏽風半圓釘，以及作為櫃面用的古材。櫃面雖然變寬了，但是外觀或是實用度都升級了。

Detail

使用水性有光漆和乳膠漆完全不同，它能夠完全呈現出塗料大面積剝落的感覺。如左上圖所見，重疊在龜裂漆上的兩色塗料捲曲在一起，表現出獨特的表情。這次作為櫃面用的古材是，橡木。它的性質是硬又有重量。

改造的技巧

改造物品：多功能收納櫃
(W430×D330× H1070㎜)

材料與工具：半圓釘(13㎜)18根／古材(480×80×15㎜)5片／螺絲(25㎜)16根／金屬底漆／電動起子／鐵鎚／生石灰／研磨砂紙機／刷毛／砂紙(細)／乾布(蠟用)

塗料：乳膠漆(黑色、酒紅色)／水性有光漆(象牙白色、青綠色、綠色)／油性著色劑(柚木色)／蜜蠟(BRIWAX：Medium Brown)／龜裂漆

使用Old Village廠牌的塗料時：
All cracked up

1.

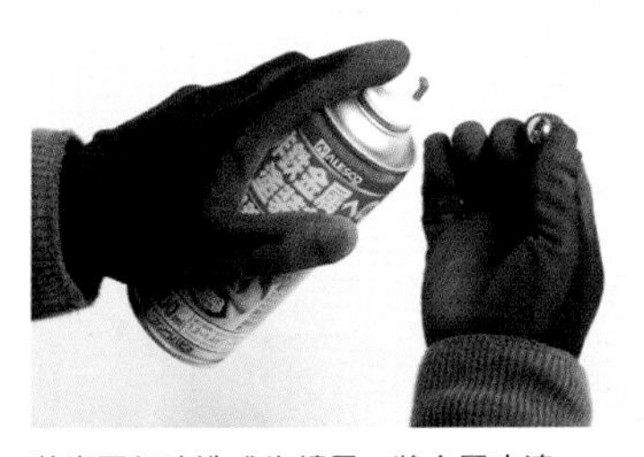

將半圓釘改造成生鏽風。將金屬底漆噴在半圓釘的表面上。

2.

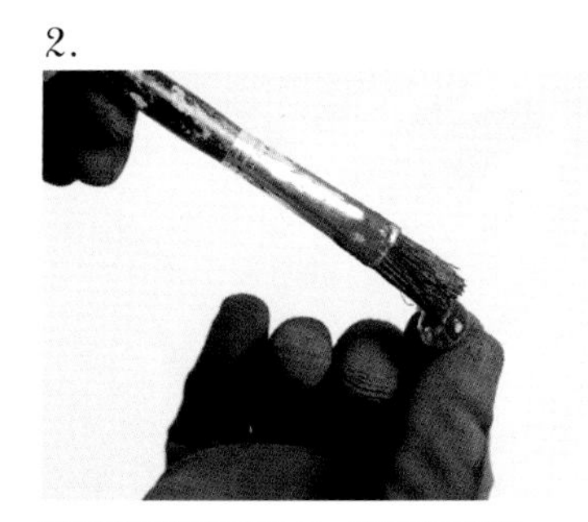

第1步驟的塗料乾燥後，用細刷毛沾取加入生石灰的黑色乳膠漆(比例請參照p.21)，塗抹於半圓釘上並風乾。

3.

用細刷毛沾取酒紅色的乳膠漆，垂直地用點觸法一點一點將顏色塗在半圓釘上。

4.

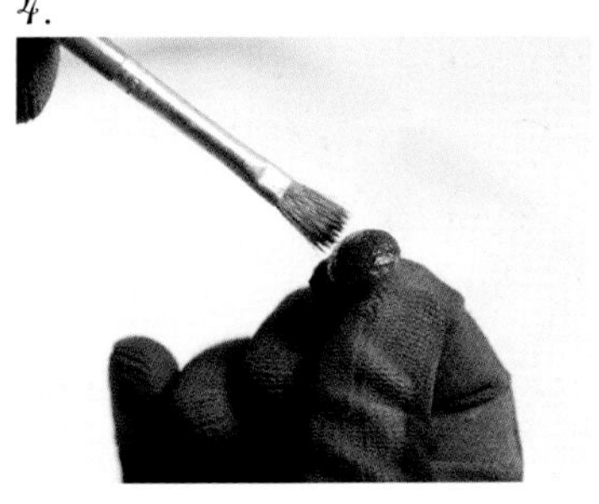

將酒紅色暈開，使其和底部的黑色融合。

5.

整個斗櫃都塗上青綠色水性有光漆，並使其風乾。

6.

然後再整個塗上龜裂漆，並使其風乾。

Point

水性有光漆含有橡膠性樹脂，因此具有不容易剝落的特性。在第11個步驟中用研磨砂紙機來研磨，是為了使其容易剝落。

7.

將象牙白色的水性有光漆和綠色混合以做出淡綠色，然後塗抹在整個斗櫃上。表面上會出現塗料的龜裂現象。

8.

趁著水性有光漆還沒完全乾燥時，用刷毛的前端來觸碰，讓塗料整塊剝落也可以。

9.

用手指來剝落塗料，直到看到下面的底漆。趁著水性有光漆半乾狀態時進行也可以。

10.

將象牙白色的水性有光漆塗抹在整個斗櫃上。不要塗得太滿使得下面的綠色能被看見。

11.

步驟10中的塗料乾燥後，用砂紙研磨機來製作出塗料剝落的部分。

12.

這是砂紙機研磨後的狀態。

13.

在斗櫃前方的邊緣釘上半圓釘，從櫃面開始測量斗櫃的高度，並在要釘上半圓釘的地方做記號。

14.

在步驟13中做記號的地方釘上半圓釘。

15.

用螺絲將古材固定在櫃面上。

16.

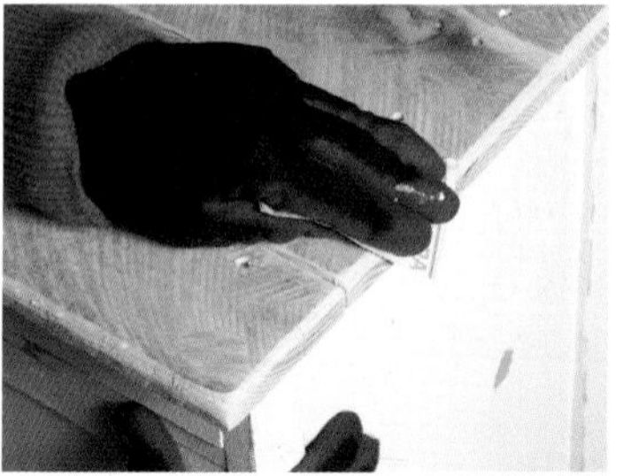

用砂紙研磨古材的邊角，使其能變得較為圓滑。

17.

將固定在櫃面上的古材塗上油性著色劑。

18.

用刷毛輕輕地在斗櫃前方凹陷處塗上蜜蠟，以作出陰影和風霜感。

19.

然後馬上用乾布擦掉著色劑。

20.

在櫃面上塗上蜜蠟。

21.

然後馬上用乾布打拋擦亮。

Finish!

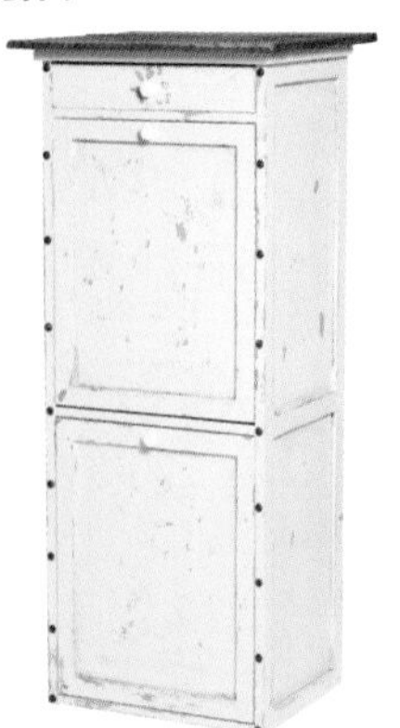

{ 改造的物品 }

藍白色的木製衣櫃

因為大型家具存在感十足，
因此挑選塗裝顏色時更要留意。
利用同色系的漸層法來塗裝，
就能變身為有個性又和房間融為一體的別緻家具。

Before

倫敦共和國字樣搭配鏝刀做的把手～童心味十足的木製衣櫃

Susie的白色房間中最大的家具登場了。這次選擇的改造物品是，密集板的木製衣櫃。裝飾少的單色塗裝容易給人平庸的印象，因此利用重疊顏色來做出漸層、陰影，並在門板加上自己喜歡的大文字。整體的顏色控制得宜、文字的呈現也較為模糊，不過度主張它的存在感，而能融入整個空間中。

把手選擇的是，我之前一直想嘗試的水泥匠用鏝刀。因為它的構造很牢固，所以作為把手使用也十分有安定感。只要在鏝刀上添加一些傷痕感、然後塗上油性著色劑的話，那麼鏝刀原來的印象就幾乎消失不見了。恍然一看很有味道的把手，仔細一看竟然是鏝刀。誰能快點發現而感到驚訝呢？我這麼想。

因為上漆時會留有漆痕，所以平面的木製衣櫃也有了陰影感。

Detail

生鏽加工的半圓釘和深刻的傷痕，呈現出表情的深度，而把手徹底地融入整體、讓人無法意會到它原來是鏝刀。

{ 改造的技巧 }

改造物品：木製衣櫃
(W94×D58×H182cm)

材料與工具：鏝刀(180mm)2個／半圓釘(16mm)8個／金屬底漆／電動鑽子／針眼錐／鐵鎚／電動起子／打洞鑽子(2mm)／生石灰／砂紙(細)／刷毛／轉印紙／原子筆／複寫紙／乾布(油性著色劑用)

塗料：乳膠漆(象牙白色、淡藍色、黑色)／油性著色劑(柚木色)／水性亮光漆

使用Old Village廠牌的塗料時：
Corner Cupboard Yellowish White
Dressing Table Blue
Black
Poly-Aqua Varnish

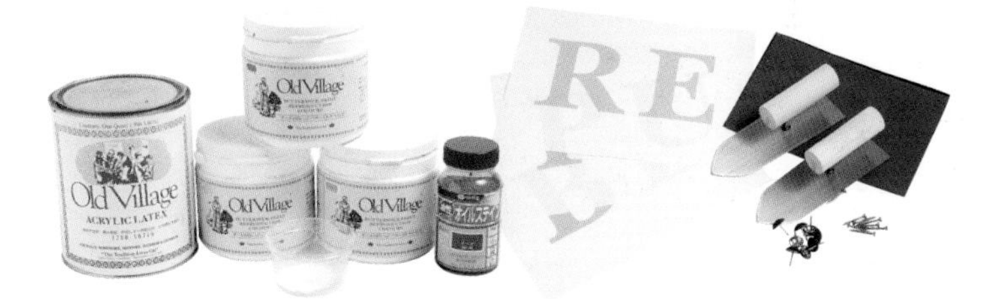

1.

將原來木製衣櫃上的把手拿掉。

2.

將象牙白色的乳膠漆混合少許黑色乳膠漆，以調和出淺灰色。

3.

將步驟2調出的乳膠漆中加入生石灰(比例請參照p.21)，並均勻塗抹於整個木製衣櫃。

4.

若出現刷痕時，只要輕輕地點觸塗抹、刷痕就會消失。

5.

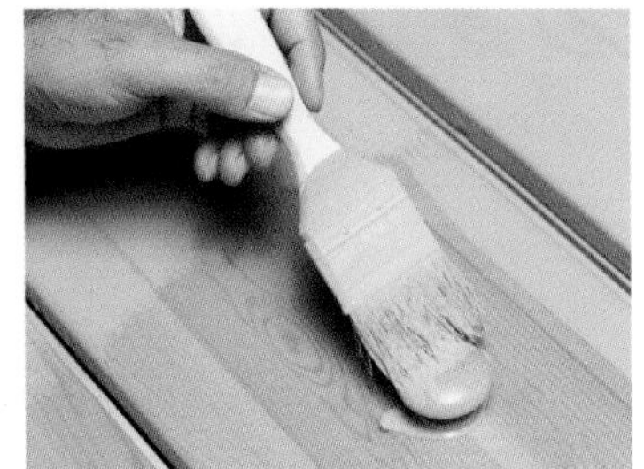

抽屜也塗上和步驟3一樣的塗料。抽屜把手先不要拿掉並塗上相同顏色。

6.

一邊混和象牙白色和淡藍色、一邊做出漸層感般做出門中央的突出感。

Point

在步驟14中塗抹文字時，如果不稀釋黑色乳膠漆就上漆的話，那麼顏色會太濃而使得文字過於搶眼。為了做出朦朧感，用等量的水來稀釋塗料再使用會比較好。用砂紙研磨的話，塗痕就會漸漸消失而呈現出褪色般的質感。

7.

和步驟6相同、門的溝槽外側也一邊混合象牙白和淡藍色來上漆。

8.

塗抹溝槽。在這裡預先將象牙白和淡藍色塗料混合，以比步驟6、7中還要偏藍的顏色來上漆。

9.

用砂紙研磨步驟6、7中上漆的部分，使顏色的接合處消失並融合為一體。

10.

用細刷毛沾取油性著色劑塗抹於溝槽，然後馬上擦掉。

11.

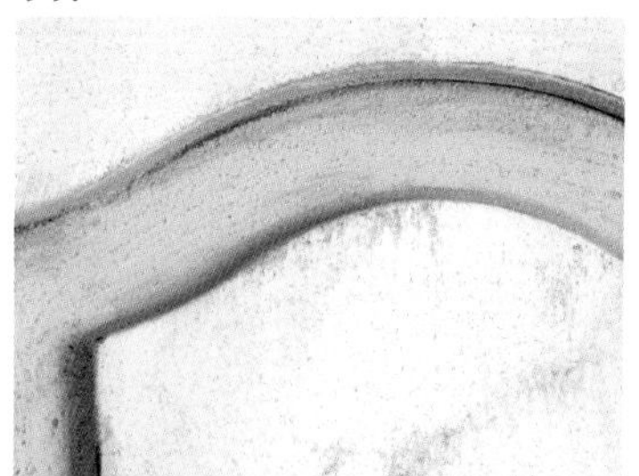

依稀殘留著著色劑的狀態。因為有了陰影而顯出立體感。

12.

門中央突出的地方擺上轉印紙和複寫紙，用原子筆描上輪廓。

13.

用等量水稀釋過的黑色乳膠漆，沿著步驟12中畫上輪廓的地方描上文字，並使其風乾。

14.

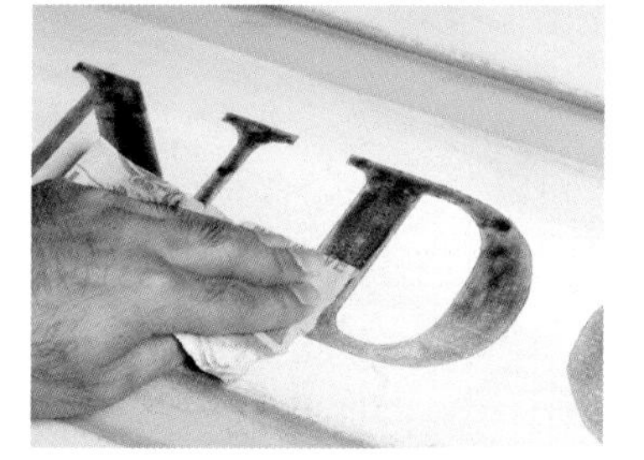

用砂紙輕輕地研磨步驟13畫上的文字，這樣一來便可消除文字上的色斑。

15.

全體均勻地塗上水性亮光漆，並使其風乾。

16.

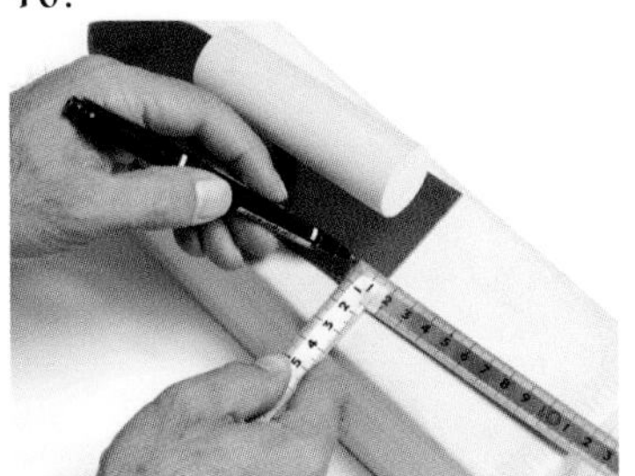

分別在鏝刀的後端垂直往內各15㎜處以及前端往內40㎜、距離邊端15㎜處畫上4個記號。

17.

用電動鑽子在步驟16中做記號處開2㎜的洞。

18.

用砂紙研磨鏝刀把手的邊角，使其變得圓滑。

19.

用鐵鎚在鏝刀的邊角及手握處製造出傷痕。

20.

用針眼錐在手握處添加傷疤。

21.

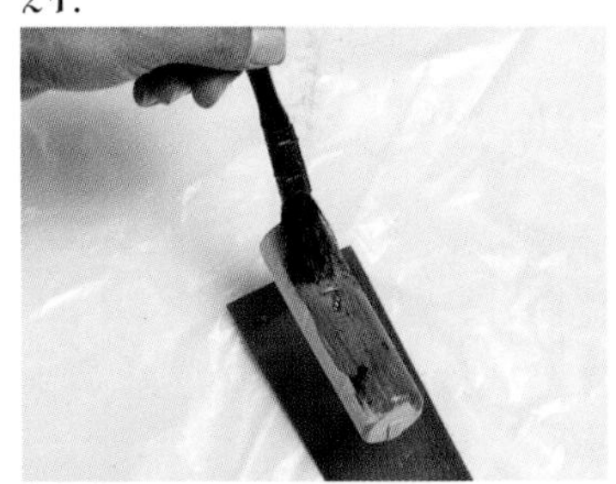

在手握處塗上油性著色劑並使其風乾，這樣一來步驟19、20中所製造的傷痕會更加突出。

22.

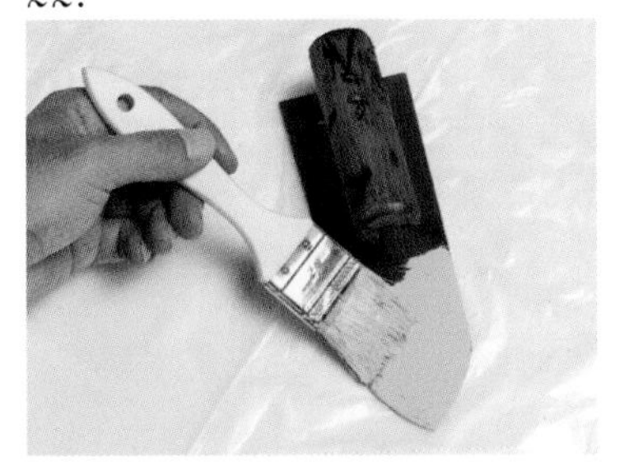

在鏝刀上塗抹和步驟8相同的塗料，並使其風乾。

23.

用半圓釘將加工後的鏝刀固定在加上把手的地方。

Finish!

{ 導覽伊波製③ }

Flower planted together
彩繪空間、像畫一般的盆栽

對我來說，盆栽不僅是單純的花草、而是室內裝潢的一部分。
它能夠像畫一樣來美化整個空間。

盆栽的主角是有品味的彩色葉片

在『THE OLD TOWN』的店面前，擺放了幾株盆栽。其中我最喜歡的，就是能同時欣賞葉子顏色或形狀的玻璃盆栽或彩色葉片。所以我做的盆栽，比起花瓣來說、葉子才是主角。在挑選搭配的花，也多選擇和彩色葉片搭配性佳的白色、紅色或紫色。

花盆和製作家具相同、可以利用乳膠漆或生石灰來塗裝。盆栽的主角當然是植物，所以花盆本身的存在感不需太過突顯、低調即可。只要在玄關或陽台放上一盆用心搭配的盆栽，這樣的風景實在令人著迷。

左圖：使用了甜菜、酢醬草、青銅葉這三種蔬菜的盆栽。
上圖：主角是三色堇、珊瑚貝爾 (Heuchera Peach Flambe)，橘色是主題顏色。

左上圖：以自由奔放的灌木植物(Muehlenbeckia astonii)為中心，加上玉龍(Ophiopogon japonicus)、三色堇。銀色葉子的朝霧草(Artemisia schmidtiana)和海芙蓉(Crossostephium chinense)更添加了明亮感。

右上圖：下垂的小花(Mikania dentata)或易生木(尖葉駁骨丹Hemigraphis repanda)等，用下垂的銅葉來修飾花盆的強烈印象，並突顯仙客來(cyclamen)的存在感。

左下圖：以銅葉和銀色葉子為主角的一個盆栽。

右下圖：使用了站立和下垂兩種鏡木(Coprosma repens)。開出一點花的是，宿根草(Viola. labradorica'Purpurea)。

*關於店面資訊請參照p.173。

用牛奶作的『Old Villag』塗料

在我製作的作品中不可缺乏的是，
誕生於美國開拓時代的奶油乳膠漆。
我最中意的是它柔和的顏色。

1.用牛奶作的塗料

天然乳膠漆使用牛奶的酪蛋白為主要成分所製成、對環境無害的自然塗料。可以使用在家具、牆壁、屋裡屋外，對於摩擦或者天氣也有一定程度的耐久性。是美國草創時期重現歐洲彩繪藝術的塗料，總共 20 色。

2.有趣的歷史

天然乳膠漆是美國開拓時代由塗裝業者所創作出來的。那個時代的油、顏料、漆都屬於高價位，他們調出了自己要的塗料顏色，於是就將農作物、土、磚塊的粉甚至是暖爐用的煤炭等當成材料，然後創作出塗料。

3.歐洲彩繪藝術是?

在紐約的美國歐洲彩繪藝術美術館的收藏中，指的也是塗在代表性家具和其附屬家具上的顏色。而將這些顏色作光譜分析而完成顏色系統的是，『Stulbs 公司』(Old village 公司的舊名）。

4.塗抹時的特徵

早期美國風格的柔和色調，即使塗料乾燥後也具有漂亮的光澤且耐水性佳。塗裝時使用刷毛或滾輪。一般來說都是用原液直接塗裝，如果要調整黏度的話，也可以加水來稀釋。

5.其他塗料

『All cracked up』是能在塗裝面作出龜裂狀的水性塗料。『Brown Graining／Antiquing Liquid』則是表現出仿古風的油性塗料。

6.拿手的使用方法

早期美國風格的顏色運用在老舊感的作品上，最容易呈現出想要的感覺。依照底漆、龜裂漆、加工漆、仿古漆這樣的順序塗抹的話，重疊上漆後塗料就會龜裂，經過一段時間就能呈現出老舊感。

Color catalogue

使用的顏色目錄

本書中所使用的Old village乳膠漆總共有11色。
加上其他顏色的話，現在可以購買到20個顏色。

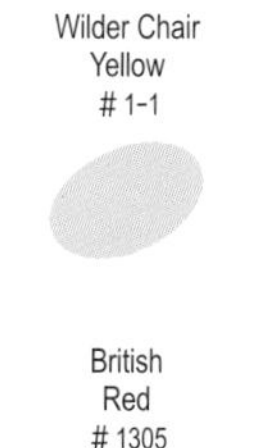

Wilder Chair Yellow # 1-1

Child's Rocker Dark Red # 2-3

Corner Cupboard Yellowish White # 13-25

Fancy Chair Green # 3-5

Fancy Chair Yellow # 3-6

Windsor Chair Pink # 4-8

British Red # 1305

Dressing Table Blue # 5-9

Dressing Table Navy Blue # 5-10

Wild Bayberry # 1314

Black Wythe Chest/Black # 11-21/1326

重現早期美式顏色的自然塗料

自從我幾年前接觸後就成為我的愛用品的是，Old village的乳膠漆。現在它在我的工作室中並排成一列。它獨特的柔和色調，是其他水性塗料沒有辦法呈現的。混和也好、重疊上漆也好、塗上龜裂漆後剝掉也好、加入生石灰做出粗糙感也好，總之它是我製作家具時不可或缺的好物。

Interior Style 4.

普普風的室內裝璜

讓人誤以為是小孩玩具房，
其實是明亮的普普風房間。
雖然想把它當作秘密，可是也很自豪地想要展現，
這就是為了這樣的大人所準備的空間。

{ Pop Interior }

享受明亮的色彩
用普普風來打造小孩的玩具房

這是陳列著詹姆斯叔叔喜愛物品的玩具間，
使用的物品是普普風又經常使用的物品，
這是一個充滿小孩般天真和玩心的秘密基地。

837
3
Tiger Brand
9
SUNDRY
BRUNCH
CASUAL MODEL
COLOR
595

{ 改造的物品 }

1.木盒
2.壁牆掛勾
3.木板與玻璃瓶
4.塑膠盒
5.PVC管
6.墨西哥風百寶箱

熱鬧又明亮、但又有點庸俗
詹姆斯叔叔的遊戲小屋

充滿明亮又有趣感覺的這個空間，是愛好旅行詹姆斯叔叔的房間。正確來說，這裡並不是房間、而是「遊戲間」。墨西哥的百寶箱或地毯織物等，都是他去中南美洲旅行時購買的，因空間狹小而並排在一起。

這個房間的主題是普普風，即使是普普風也並不代表可以隨意加入任何顏色。普普風的顏色都非常地有個性，所以容易會變成花俏又混亂的空間。因此這個房間以窗框和地毯的紅色為底，以紅色～橘色～黃色～橘色～原木色、藍色～淡藍色～白色這兩個漸層中的顏色作為選擇。然後加入塑膠盒和金屬支架的銀色來作為強調用的重點色。只要先決定要使用的色系，那麼就能呈現出協調的空間。

和其他三個房間不同、這個詹姆斯叔叔的小屋，不僅使用木材、也運用了塑膠的材料。像是塗成銀色的塑膠收納盒和金屬支架，乍看下就是金屬風。但仔細看的話，就會因為塑膠材帶有的庸俗感而發現它原來的面貌。明明是上了年紀的歐吉桑，卻做了一個像是玩具箱的小屋，這真是非常符合充滿玩心的詹姆斯先生所做的選擇。

由於今後還會有增加旅遊紀念小物或玩具的可能性，因此詹姆斯先生必須增加塑膠收納盒或木收納盒的收納空間。像是將和塑膠收納盒相同材質的東西重疊在其上也不錯，或者可以做出幾個不同顏色的木盒、然後隨機重疊擺放也應該會很有趣。

LAND OF ENCHANTMENT
51595
NEW MEXICO USA

THE ULTIMATE STYLE
SUNDRY
SUPER
RSC
BASIC
BRUNCH
CASUAL MODEL
AUTHENTIC

{ 改造的物品① }

有著藝術般年輪的木盒

為了將有年輪的簡易木盒呈現出深咖啡色的質感，
我用明亮的淡黃色重新塗裝。
用來收納小東西、或者作為工具箱使用，都很方便。
只要用不同的顏色來區別，多做幾個也可以。

強調木頭與生俱來的細節、簡單又便利的簡易收納盒

在木頭表面打磨使得杉木等針葉樹的年輪能被強調的工法，稱為浮造り(うづくり)。為了做出和浮造り相同的效果，這次我用噴槍來處理木材的表面。

只要一開始火燒處理，表面馬上就會變黑，但光是變黑還不能停止處理。在此狀態下，年輪(春材)並不會減少，但用金和唐紙處理後就會變平坦。火燒處理得比較好的標準是，表面會浮出像烏龜殼或魚鱗般的膜。也許你會擔心，並懷疑燒成這樣真的沒問題嗎？但是因為木材本身具有厚度，所以不會因為燃燒而逐漸消失。當然，如果您想要反覆地燒了又擦洗處理以調整到自己喜歡的狀態也可以。

＊浮造り是指磨凹木材表面的春材部分，強調出木紋的加工技巧。

＊木頭表面的春材，指的是年輪與年輪之間質地柔軟的部分。

這個作品做成像是放置在庭院的倉庫，或是已經頻繁地使用10年左右的工具箱的觸感。

龜裂漆是為了使乳膠漆容易剝落而塗上的。用砂紙確實地打磨後，塗料就只會殘留在春材上，一旦年輪或節的塗裝掉落後，春材就能被突顯。為了強調出木材的質地，塗在表面的塗料請選擇明亮的顏色較佳。

改造的技巧

改造物品：木盒
(W400×D280×H160㎜)

材料與工具：木材A(400×140×19㎜)4片／木材B(242×140×19㎜)2片／螺絲(35㎜)28根／噴槍／線鋸／電鑽／鑽頭(15㎜)／金屬刷／砂紙(粗)／木工用接著劑／刷毛／乾布(蠟用)

塗料：乳膠漆(淡黃色)／龜裂漆／蜜蠟
(BRIWAX：Medium Brown)

使用Old Village廠牌的塗料時：
Fancy Chair Yellow
All cracked up

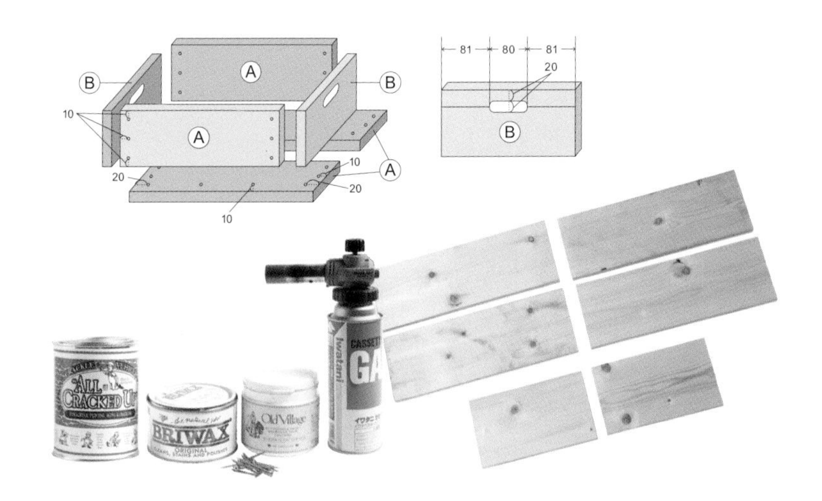

1.

組合木盒邊框。將木工用接著劑塗在木材B的側面，然後和木材A接合。

2.

黏著之後，馬上將螺絲固定在木材A側面。利用相同的作業來組合木盒邊框。

3.

木盒邊框組合後的樣子。

4.

在邊框和底板接合處塗上木工用接著劑。

5.

將底板的木材A放在步驟4上，然後馬上釘上螺絲來固定。

6.

再用另一片作為底板用的木材A擺上，然後用螺絲固定。

Point
用噴槍燒木盒，木頭就會乾燥而收縮，木頭和木頭的中間就會出現空隙。為了避免這種情況發生，以木工用接著劑黏合木材A和木材B、然後立刻用螺絲固定，就能夠將這些木板牢牢地接合。

7.

這是木盒形狀完成的樣子。

8.

為了在木材B的側面開洞作為握把，首先需測量尺寸。(位置請參照p.134的圖)

9.

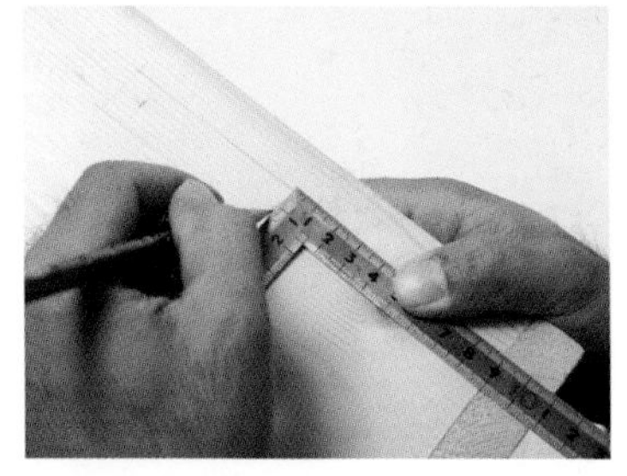

測量握把的位置。(位置請參照p.134的圖)

10.

用電鑽在步驟8、9做記號的地方開洞。

11.

用線鋸鋸出握把處。

12.

這是開出握把後的樣子。同樣地也在另一側開握把。

13.

用噴槍燒木盒的邊框。

14.

火燒處理後用水沾濕、並用金屬刷大力地擦拭，使表面的焦黑掉落。

15.

這是表面焦黑掉落後的樣子。將水分確實風乾。

16.

水分乾燥後，在邊框塗上龜裂漆並使其風乾。

17.

在外框塗上淡黃色的乳膠漆，並使其風乾。

18.

用砂紙打磨以剝落乳膠漆至紋路能顯現般的程度。

19.

這是乳膠漆剝落後的樣子。

20.

塗抹蜜蠟於整個木盒，並用乾布擦掉。

21.

木盒中也塗上蜜蠟。

22.

用乾布擦拭。

Finish!

{ 改造的物品 }

自由移動的掛鉤

色彩豐富而引人目光的掛鉤，
只要重複塗上乳膠漆、
用木製螺帽固定後就完成了。
如果不是這個形狀的話…
從現在開始依照自己的喜好，
不管是顏色或形狀都試著變化它吧！

直的還是斜的都行 簡單又便利的可動式掛鉤

掛在小孩房間也很適合的掛鉤。我雖然已經製作過好幾個同樣類型的掛鉤，也用油性著色劑和蜜蠟加工，但是做出色彩這麼豐富的可是第一次，因為我希望能夠呈現出符合普普風房間的質感。

雖然這次我將木材塗裝後就直接加上掛鉤，但我覺得要是在木板上用轉印紙加上一些文字也會是個不錯的idea。另外，也可以加寬木板的寬度、或者是增加木板的數目來自由變化形狀也很有趣的樣子。圖中用來固定木板的螺絲和螺帽，都是在39元商店發現的，單純無塗裝很容易加工、重量也很輕，是不可多得的寶物。

為了搭配下方的百寶箱，
以綠色最為主要的顏色。

塗用龜裂漆呈現出仿古風格的同時，剝掉上層乳膠漆讓底漆的顏色能夠透出來。想要讓顏色較為低調的話，就用仿古漆；要是希望能呈現出有光澤感的話，那麼就使用水性亮光漆。

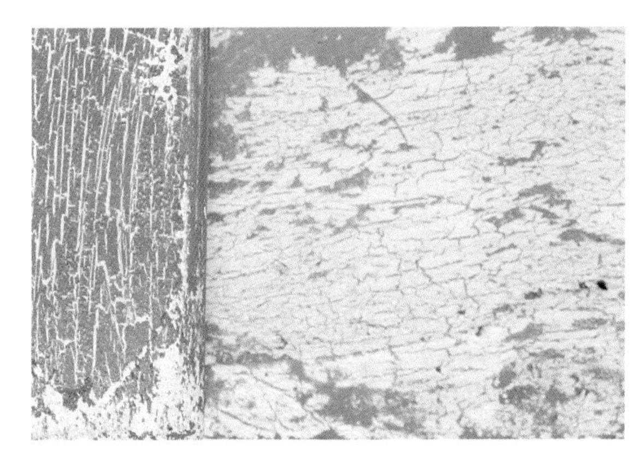

{ 改造的技巧 }

改造物品：掛鉤
(W350×D140×H400㎜)

材料與工具：木材A(350×90×19㎜)3片／木材B(400 ×40×15㎜)2片／木製螺絲&螺帽6組／鐵鉤2個／螺絲(15㎜)4根／電鑽／鑽頭(12㎜)／針眼錐／刷毛(大／小)／乾布(乳膠漆用、蠟用)／鐵尺

塗料：水性乳膠漆(象牙白色、青綠色、淡黃色、粉紅色)／龜裂漆／蜜蠟(BRIWAX：Medium Brown)

使用Old Village廠牌的塗料時：
Corner Cupboard Yellowish White
Wild Bayberry
Fancy Chair Yellow
Windsor Chair Pink
All cracked up

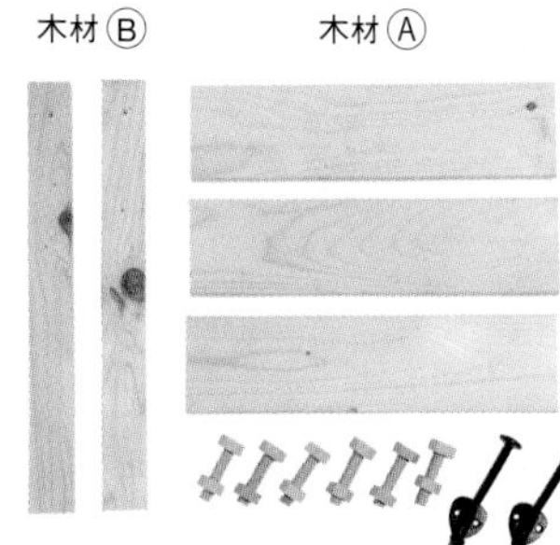

1.

在木材A上開12㎜的洞。開洞的位置在短邊的中間(距離邊框45㎜、距離長邊20㎜處)。

2.

在一片木材A上開兩個用來固定在牆壁上的洞(短邊數來100㎜、長邊數來15㎜的位置)。

3.

將木材B放在開了洞後的木材A上，確實地對齊A和B的角。將木材A開洞的位置畫在木材B上。

4.

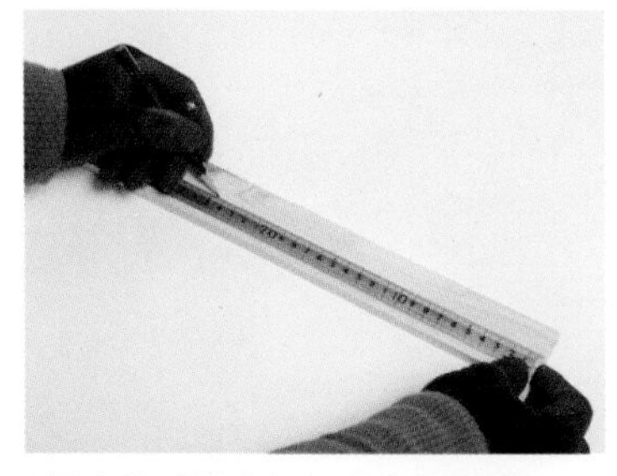

測量木材B長邊的中心以及木材A短邊的中心，並各自畫上記號。接著決定木材A固定的位置。

5.

在步驟四中所測得木材B的位置放上木材A，然後從木材A已經開洞的位置往下開木材B的洞。

6.

除了內側、將木材A整個塗上象牙白的乳膠漆，乾燥後塗上龜裂漆、再次風乾。

7.

在步驟6處理過的木材上塗上青綠色的乳膠漆，然後風乾。

8.

塗料乾燥後，用濕布擦拭全體。因為龜裂漆會吸收水分，所以乳膠漆很容易被擦掉。

9.

用針眼錐或濕布處理表面，至塗料掉落至自己喜歡的狀態。

10.

步驟9乾燥後，塗上蜜蠟。

11.

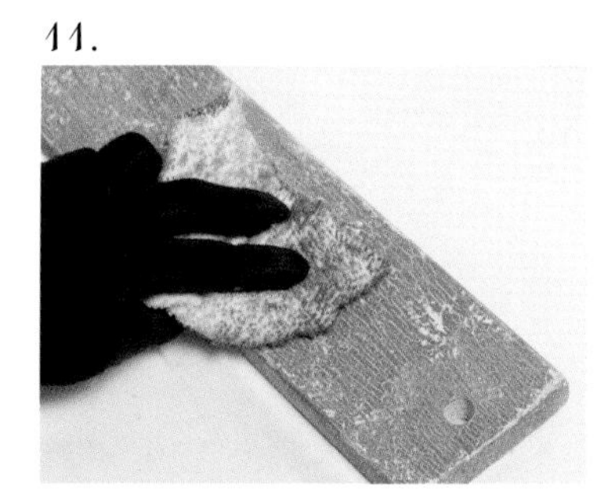

然後馬上用乾布擦掉。

12.

在其中一片木材A上釘上掛鉤。

13.

除了內側、將整個木材B塗上粉紅色的乳膠漆，然後風乾。

14.

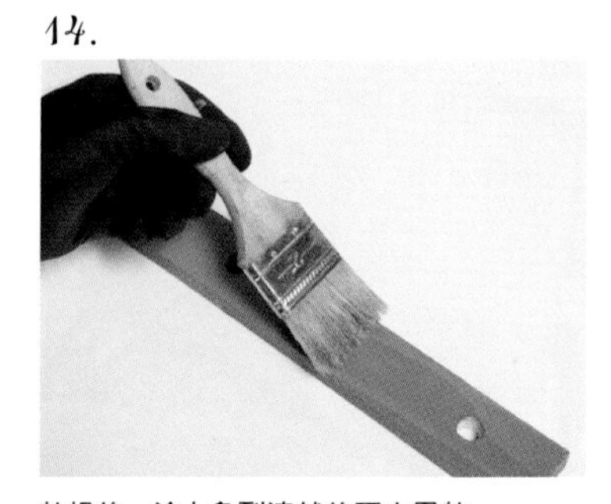

乾燥後，塗上龜裂漆然後再次風乾。

15.

在步驟14處理過的木材上塗上淡黃色的乳膠漆，然後風乾

16.

乾燥後，用濕布擦拭。因為龜裂漆會吸收水分，所以乳膠漆很容易被擦掉。

17.

和步驟9的作業相同，剝落塗料至自己喜歡的狀態。乾燥後塗上蜜蠟，再用乾布擦掉。

18.

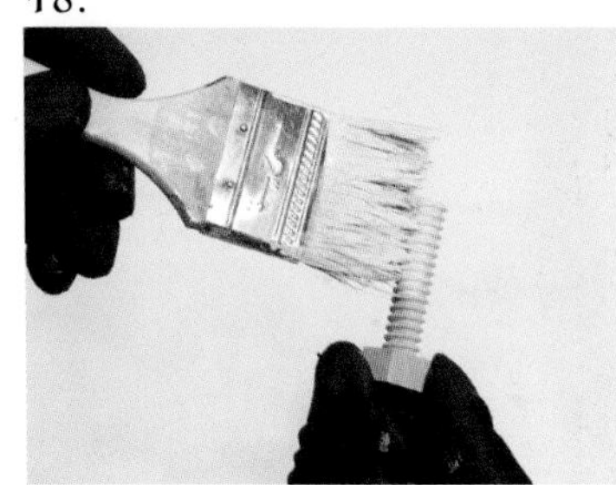

用淡黃色乳膠漆薄薄地塗在木頭螺絲上。

19.

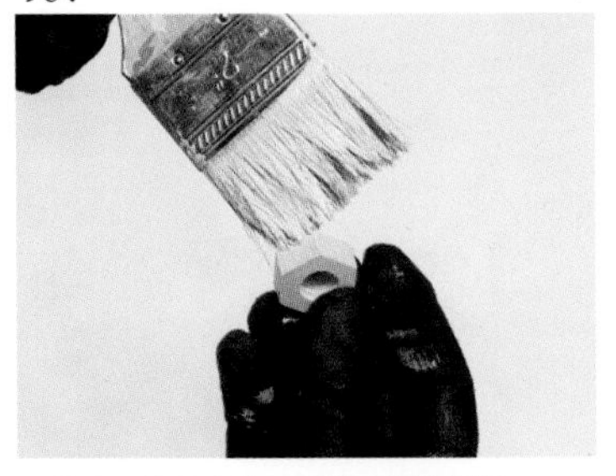

同樣地，也用淡黃色乳膠漆塗抹螺帽。

20.

這是所有零件塗裝後的樣子。

21.

用木製螺絲與螺帽將零件固定並組合起來。

Point

要在木材B上開洞時，將木材放在已經開洞的木材A上，然後對準木材A洞穴的位置來開洞，洞穴的位置就不會跑掉。

Finish!

{ 改造的物品③ }

糖果罐壁架

在廚房可以放入香料或調味料，
在小孩房可以收納小朋友的玩具，
在詹姆斯叔叔的小屋中，
則是用來放jelly bean軟糖，
能夠享受各種使用方式、便利的收納罐壁架。

Before

可以看見日用品或玩具的整潔收納

是利用39元商店中購買的簡易收納罐以及剩餘的古材所做成的壁架。玻璃罐中可以收納小東西，壁架上也可以作為展示空間使用。這次我直接用螺絲將它固定在牆壁上，但您也可以在壁架後裝上相框用的大型金屬固定物。一旦放上東西重量就會變重，請盡量避免用小零件來固定。

我所示範的是基本型，您可以依自己的喜好或配合用途來增加玻璃罐的數量或排數，或者是變化玻璃罐的形狀也很有趣。我也想試著做一個並排十個玻璃罐的壁架，然後把所有的工具或材料都放進去。

壁架上可以裝飾您喜歡的小東西。順帶一提，圖片中最左邊的搖鈴是以前我爺爺所使用的，他以前常一邊搖鈴一邊賣冰淇淋。

Detail

用砂紙或乾布將上層的象牙白乳膠漆剝落，使底漆的顏色能夠被看見。若您想要呈現較低調暗沉的顏色，選擇白色系為底漆、面漆使用深咖啡色的話，就可以馬上改變整個感覺。

{ 改造的技巧 }

改造物品：玻璃罐壁架
(W600×D160×H250㎜)

材料與工具：古木板(600×150×20㎜)2片／玻璃罐(半徑80㎜)3個／蝶番式固定架(65A)3個／打鍵板3個／橡膠板(20×240×3㎜)3片／L型金屬接頭(55㎜)2個／螺絲(15㎜)18根／金屬底漆／電鑽／刷毛(乳膠漆用、蠟用)／砂紙／乾布(乳膠漆用、蠟用)／針眼錐

塗料：乳膠漆(象牙白色、青綠色、粉紅色)／龜裂漆／蜜蠟(BRIWAX：Medium Brown)

使用Old Village廠牌的塗料時：
Corner Cupboard Yellowish White
Wild Bayberry
Windsor Chair Pink
All cracked Up

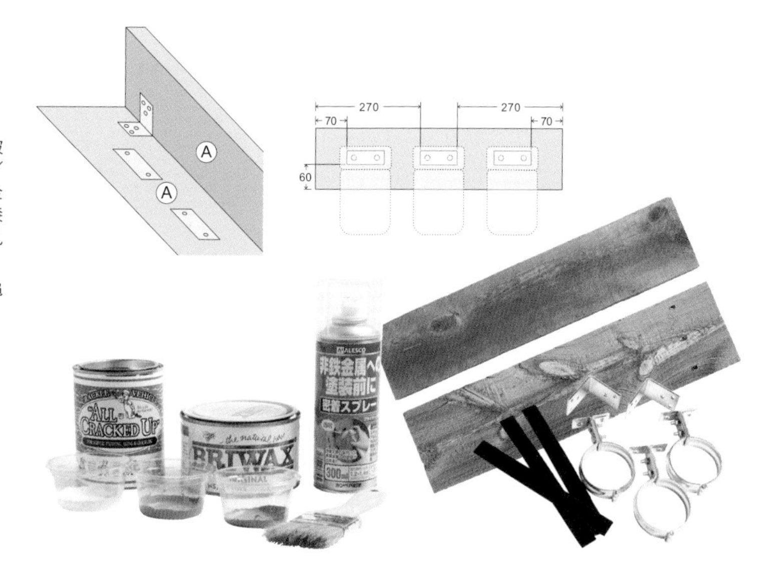

1.

為了將古木材組合成L型，在左右兩端放置L型金屬接頭。

2.

用螺絲固定L型金屬接頭。

3.

將金屬底漆噴在L型金屬接頭上。

4.

除了固定於牆的那面，用粉紅色和青綠色的乳膠漆隨機地塗抹在木材上。

5.

步驟4的塗料乾燥後，再塗上龜裂漆並風乾。

6.

全體塗上象牙白的乳膠漆，並風乾。

Point

為了避免使用時收納罐掉落或者鬆脫的情況發生，選擇蝶番式固定架時，請務必選擇和收納罐瓶蓋尺寸相同的。在步驟12、13中，請務必加上橡膠板確實地固定。如果還是鬆鬆的話，可以重疊橡膠板來調整。

7.

步驟6的塗料乾燥後，用砂紙局部地剝落塗料。

8.

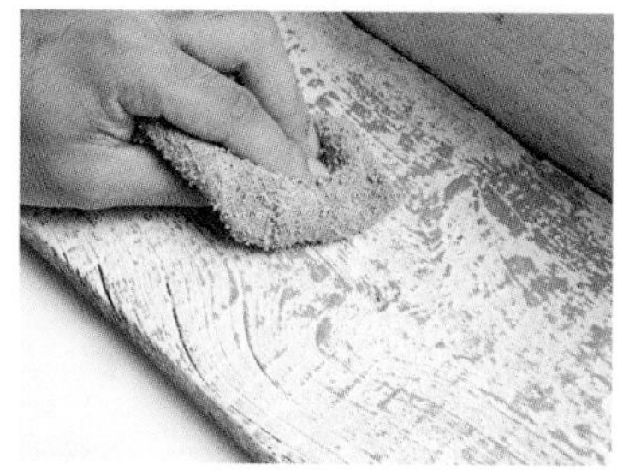

用濕布擦拭使龜裂漆吸收水分。

9.

用針眼錐小範圍地剝掉塗漆。要大面積地剝掉塗漆時，也可以利用乾布。

10.

這是塗料剝落後的樣子。

11.

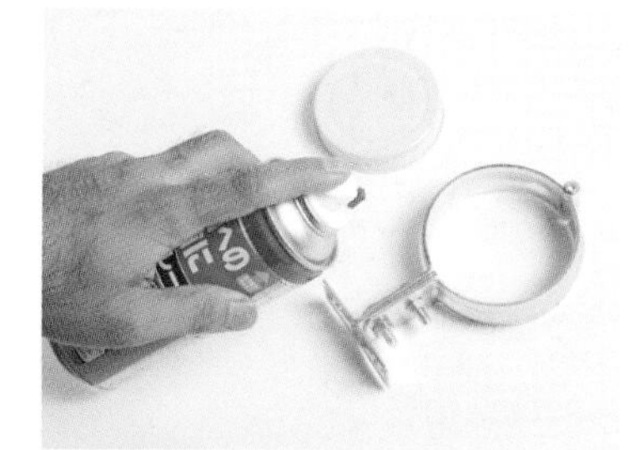

將玻璃罐的瓶蓋和蝶番式固定架噴上金屬底漆。

12.

將橡膠板裁切成符合蝶番式固定架圓周的尺寸。將裁切好的橡膠板放在固定架內側，然後再將瓶蓋放入中間。

13.

將蝶番式固定架的螺絲鎖緊，以固定玻璃瓶的瓶蓋。

14.

這是玻璃瓶瓶蓋固定後的樣子。

15.

除了步驟14瓶蓋內側的部分，用粉紅色和青綠色乳膠漆塗抹並風乾。

16.

步驟15處理後，再塗上龜裂漆並風乾。

17.

整體塗抹上象牙白乳膠漆。

18.

用濕布輕輕地擦拭表面使塗料剝落。

19.

這是塗料剝落後的樣子。

20.

整體塗抹上蜜蠟。

21.

用乾布擦拭使塗料和蜜蠟的顏色融合。

22.

為了將收納罐固定在木材上，先測量
並決定收納罐固定的位置。

23.

位置決定後，鎖上螺絲來固定。

Finish!

{ 改造的物品④ }

讓人誤以為是鐵製的塑膠收納盒

不管是誰家的衣櫃好像都會出現的塑膠收納盒。
用銀色塗料將這個四四方方的盒子塗裝成金屬風格，
來體驗一下這種剛硬、生冷的感覺。

Before

將無表情的塑膠收納盒
塗裝成金屬風或軍用風

保留塑膠收納盒原來的功能性和便利性，這次我們的目標是改變它原有的印象。四四方方的形狀，應該滿適合金屬風格的塗裝。這次塗裝我是用銀色，但我想用金色或銅色應該也不錯。或者用卡其色來塗裝，然後在握把處用轉印紙加上數字或文字，就能變身為軍用風。要是加上「US NAVY」這類的字樣然後將幾個相同的收納盒疊在一起的話，就更有真實感了。

要是想要加工成髒髒舊舊的感覺，重疊塗抹幾個自己喜歡的顏色即可。那麼就可以呈現出隨性的氣氛。

又輕、機能性又十足的塑膠收納盒。塗裝後就想從衣櫃中拿出來，作為房間的裝飾品使用。

Detail

單色塗裝後會讓人產生平面的印象，在凹陷處塗上黑色乳膠漆來做出陰影。然後全體再塗上仿古漆，使整個顏色感覺更加沉穩。

{ 改造的技巧 }

改造物品：塑膠製收納盒
(W300×D530 × H170㎜)

材料與工具：塑膠底漆／生石灰／乾布(壓克力漆用、蠟用)／刷毛

塗料：乳膠漆(黑色)／壓克力漆(銀色)／仿古漆

使用Old Village廠牌的塗料時：
Black
Brown Graining/Antiquing Liquid

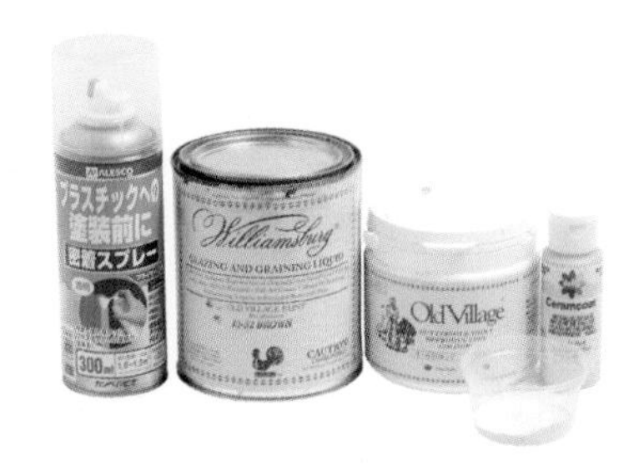

1.

在整個塑膠收納盒上噴上塑膠底漆並風乾。

2.

用銀色的壓克力漆塗抹整個收納盒。

3.

前面抽屜的地方，也不要遺漏、厚厚地塗上銀色的壓克力漆。

4.

出現色斑的話，就重複塗抹。

5.

出現刷痕的話，就站立刷毛以點觸的方式塗抹來消除刷痕。

6.

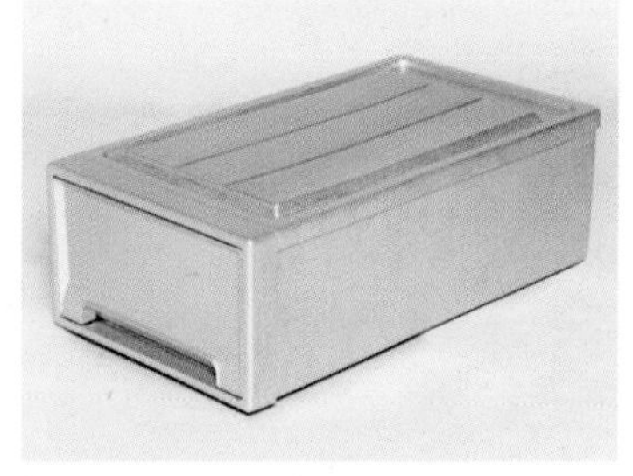

這是用銀色壓克力漆塗裝後的樣子。

Point 為了使塗料可以密著在塑膠上，塗裝前一定要先厚厚地噴上一層塑膠底漆。特別是常接觸的把手附近，一定要確實地噴上底漆。

7.

壓克力漆乾燥後，在凹陷處塗上黑色乳膠漆。然後準備濕布。

8.

馬上用濕布擦掉多餘的乳膠漆。

9.

同樣地，在抽屜角落或凹陷處也塗上黑色乳膠漆，然後馬上用濕布擦掉。

10.

全體塗上仿古漆。

11.

馬上用乾布擦掉，使凹槽或角落殘留較深的顏色。

Finish!

{ 改造的物品⑤ }

金屬風的燈架

擁有機器人般外型、獨一無二的原創燈架，
今後好像可以任意移動的感覺是它最大的魅力。
整體塗裝成鑄鐵般的感覺，
但在某處保留塑膠的庸俗感，
以營造出個性化的風格。

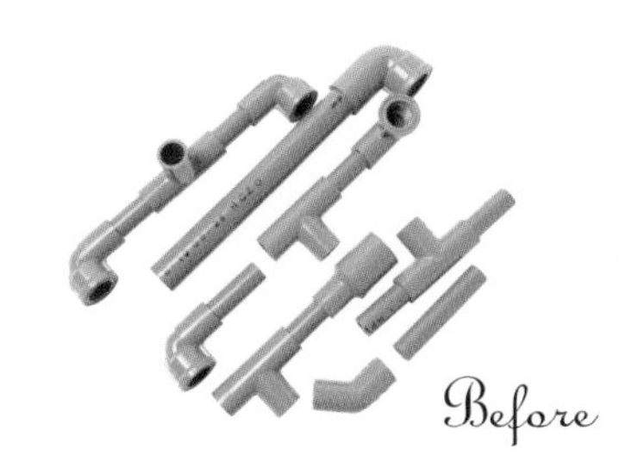

看起來像是鑄鐵製的技巧
以及做出有個性的外型是重點所在

我從以前就想過用鐵製水管做出燈架，但難處在於鑄鐵製的東西有尺寸限制而且加工也很困難。以此觀點來看，PVC管不僅尺寸多、又可以自由地裁切長度。我從30cm長度開始收集各種PVC管。不管想要做什麼形狀，畫了設計圖後、實際上到店面走一趟，你就會知道哪些零件是必要的。

在前面介紹的黑色房間中(請參照p.77)，我將鐵製水管漆成黑色，但這裡我是將塑膠塗裝成鐵製般的樣子。這個燈架的頭部可以移動及變化角度，有點天真無邪的樣子也是我很中意的一點。

可動式的頭部造型是獨一無二的。乍看之下會以為是金屬，但仔細觀察會出現玩具般陽春的感覺。

Detail

若想要加工成鐵製水管的樣子，可以用加入生石灰的塗料來做出粗糙不平的感覺，用銀色和黑色來塗裝。彎頭、管連接器的部分，用金色或銅色替換的話也很有趣。

{ 改造的技巧 }

改造物品：硬質PVC管
(W350×D230×H290㎜)

材料與工具：2m延長線／E-17燈泡插座(17㎜燈泡)／PVC管連接器(半徑13㎜)4個／PVC管45度彎頭(半徑13㎜)1個／PVC大小徑插座(20×13㎜)1個／PVC出水栓用彎頭(半徑13㎜)4個／PVC管(半徑13㎜、L70㎜)8個／PVC管(半徑13㎜、L50㎜)1個／PVC管(半徑20㎜、L120㎜)1個／PVC出水栓用彎頭(半徑20㎜)1個／塑膠底漆

工具：鉗子／壓接鉗子／絕緣蓋／刷毛(乳膠漆用、壓克力漆用、油性著色劑用)／多功能接著劑／生石灰／乾布(乳膠漆用、油性著色劑用)

塗料：乳膠漆(黑色、象牙白色)／壓克力漆(銀色)／油性著色劑(柚木色)

使用Old Village廠牌的塗料時：
Black
Corner Cupboard Yellowish White

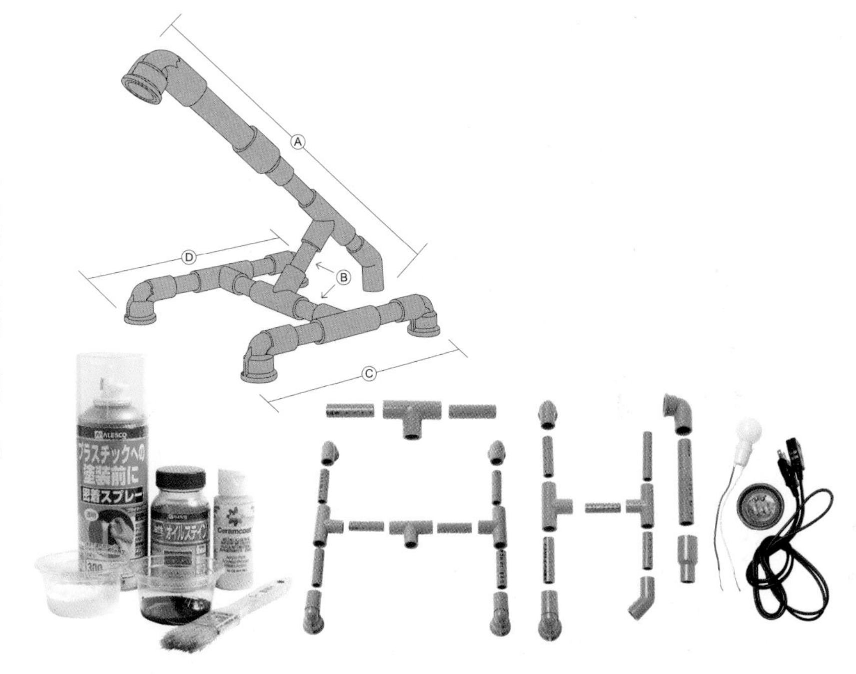

1.

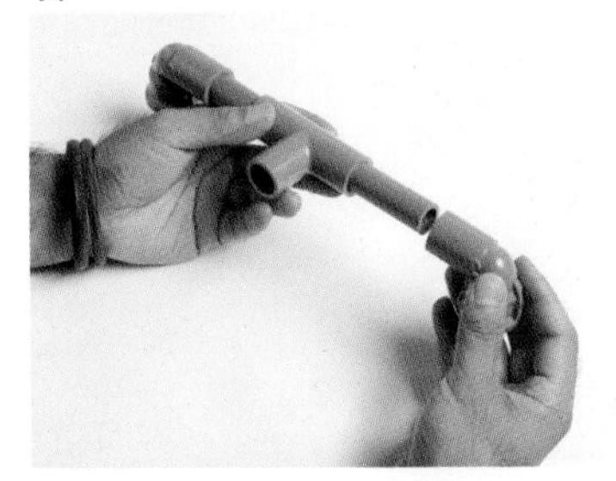

組合出分解圖中的C和D。依照13㎜半徑彎頭、70㎜ PVC管、連接器、70㎜ PVC管、13㎜半徑彎頭的順序組合。

2.

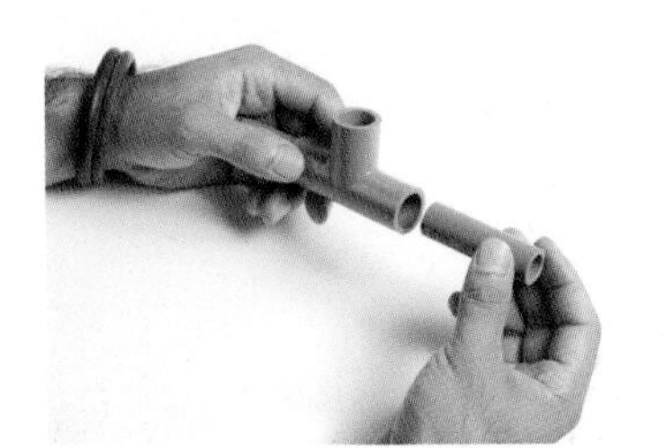

組合出分解圖中的B。依照70㎜ PVC管、連接器、70㎜ PVC管的順序組合。

3.

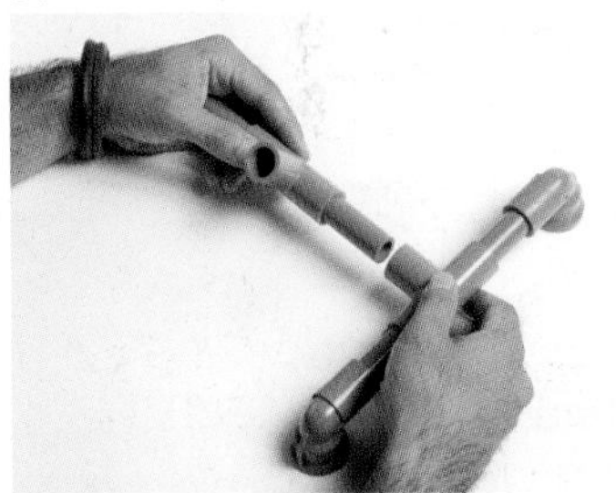

將C的連接器和步驟2的PVC管組合起來。

4.

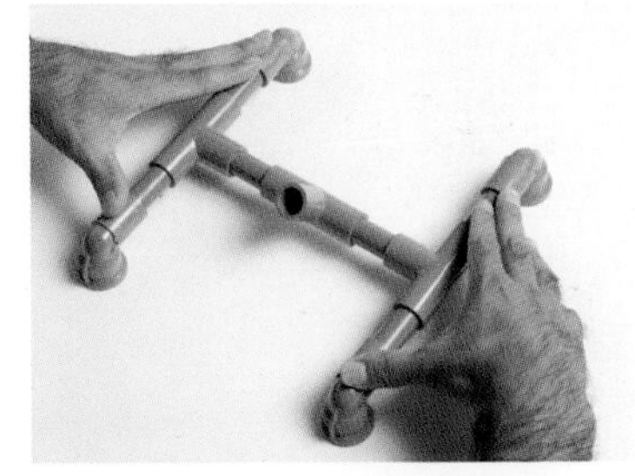

同樣地在D的13㎜出水栓用彎頭接上步驟2的PVC管。

5.

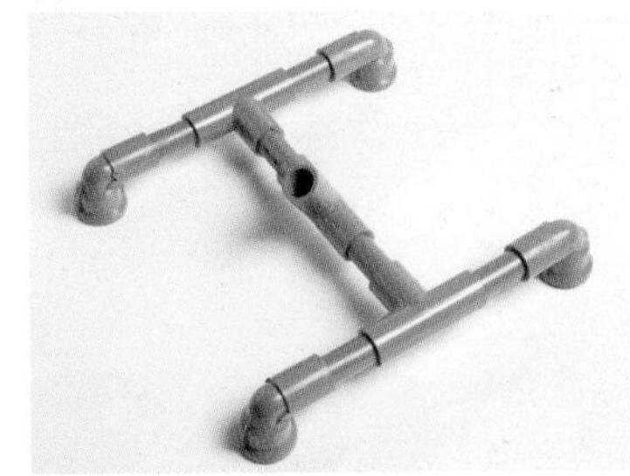

將B、C、D連結起來，就成了可以站立的基座。

6.

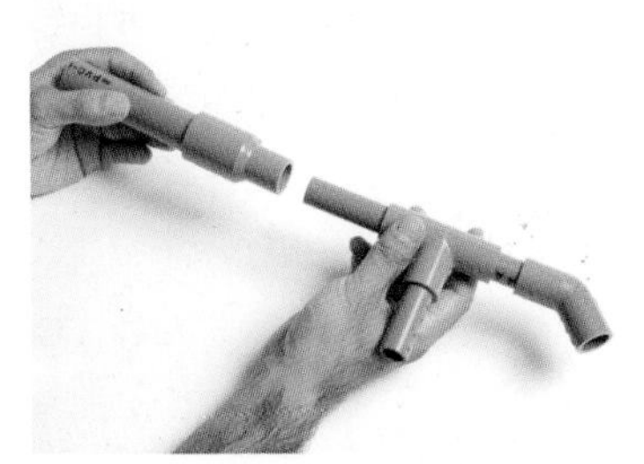

將120㎜ PVC管、大小徑插座、70㎜ PVC管、連接器、50㎜ PVC管、45度彎頭組合起來，然後在連接器那頭接上50㎜ PVC管以組合出分解圖中的A。

7.

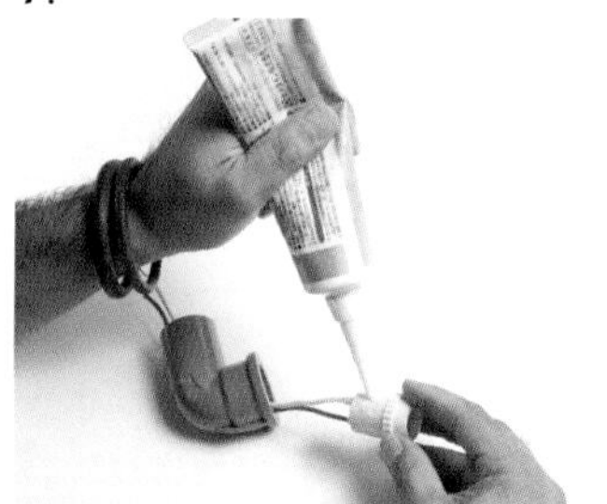

將E-17燈泡插座穿過20㎜出水栓用彎頭，並塗上多功能接著劑。

8.

將插座固定在彎頭內側。

9.

用鉗子將延長線的插頭切掉。

10.

用鉗子去除長度約100㎜、包覆在電線外的塑膠膜。中間的電線會分裂成兩半，去除約6㎜的外膜，扭緊露出的電線。

11.

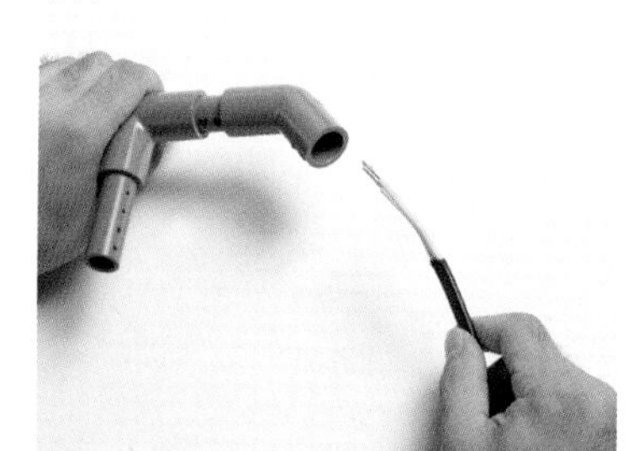

將步驟10的延長線電線從彎頭處插入，由120㎜ PVC管處拉出。

12.

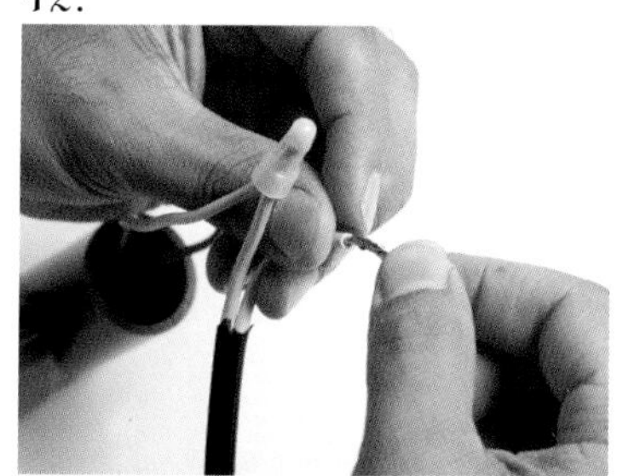

將E-17燈泡插座的線和延長線的線分成兩端各別扭在一起。

13.

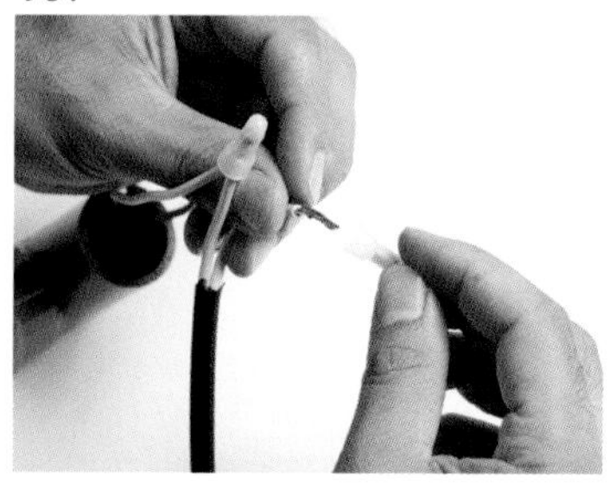

將步驟12中電線扭轉處加上絕緣蓋。

14.

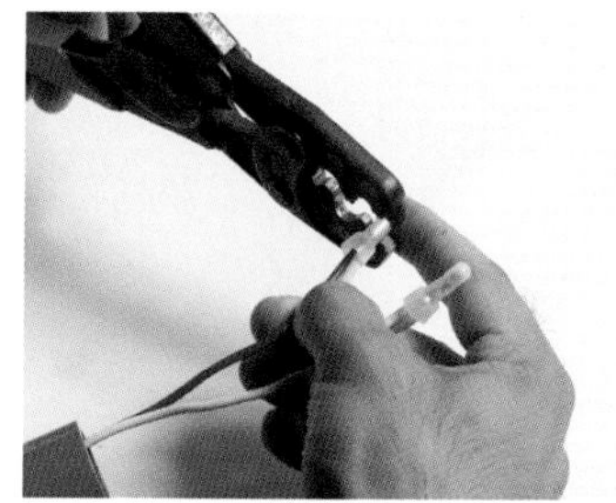

用壓接鉗子將步驟13的絕緣蓋壓破固定。

15.

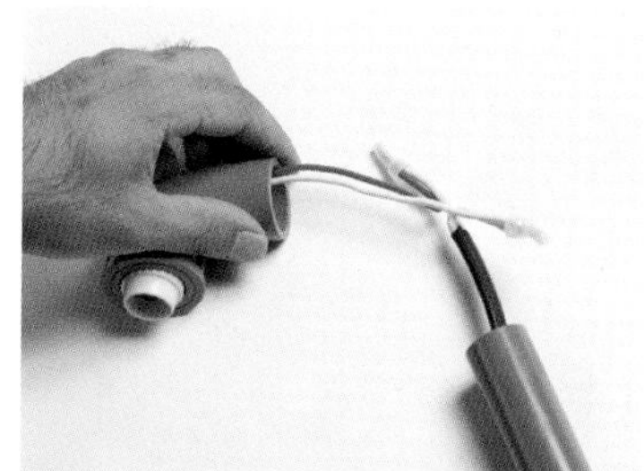

將連結好的線分左右使其不要重疊，將20㎜出水栓彎頭插入PVC管。

16.

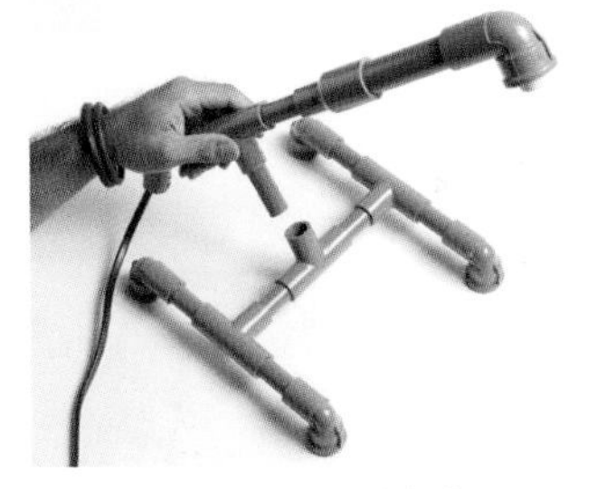

將A、B兩端的連接器結合起來。

17.

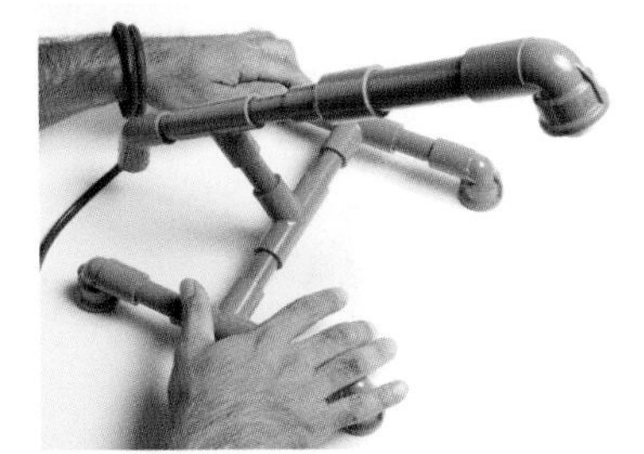

這是整個組裝後的樣子。

18.

整體噴上塑膠底漆。

19.

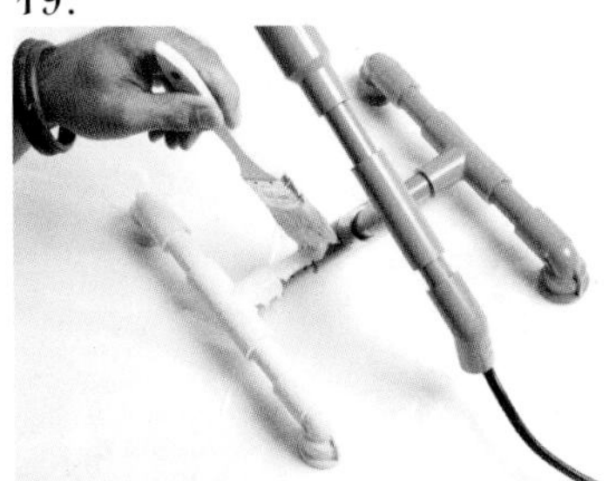

用加入生石灰的象牙白色乳膠漆(比例請參照p.21)均勻地塗抹於表面。

20.

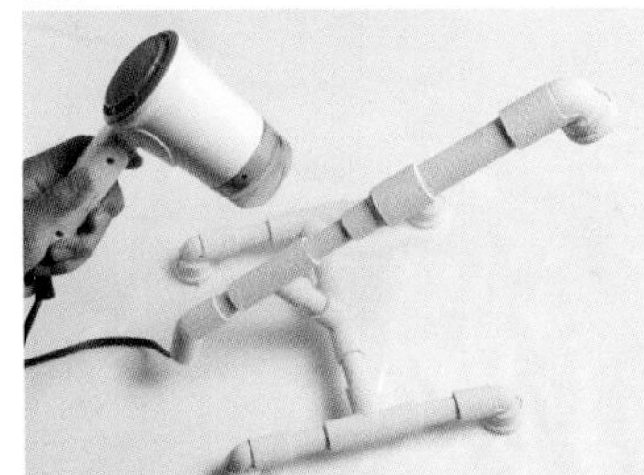

塗裝後吹乾它。

21.

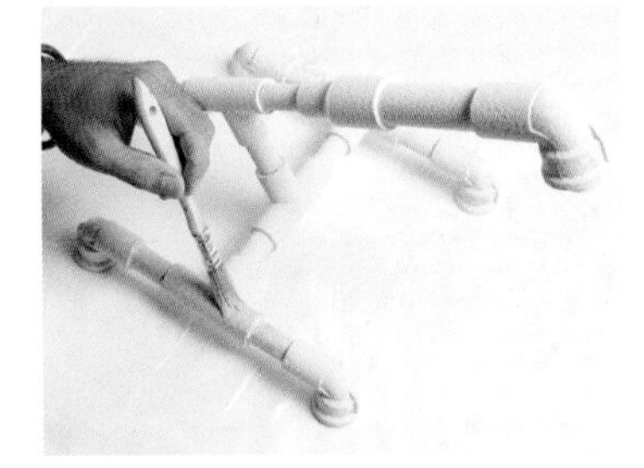

整體塗上銀色壓克力漆然後吹乾它。

22.

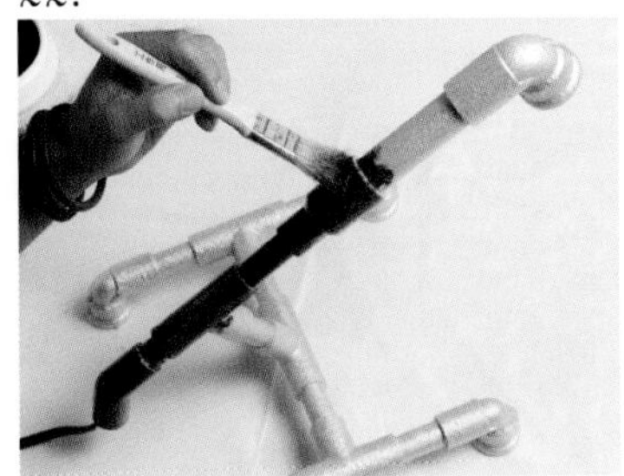

再來，塗上黑色乳膠漆並準備沾濕的布。

23.

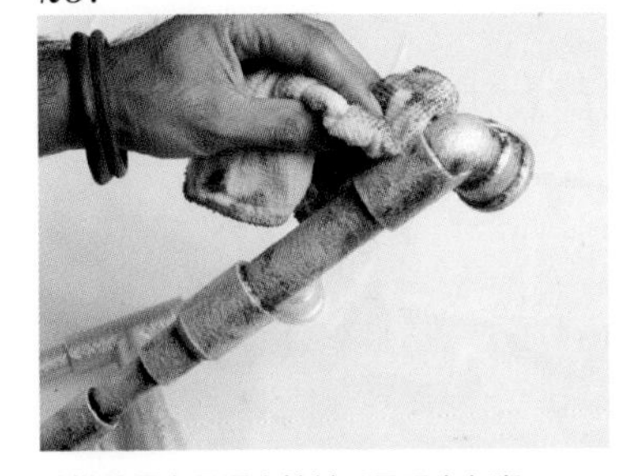

塗裝後馬上用濕布擦拭以呈現出色斑。

24.

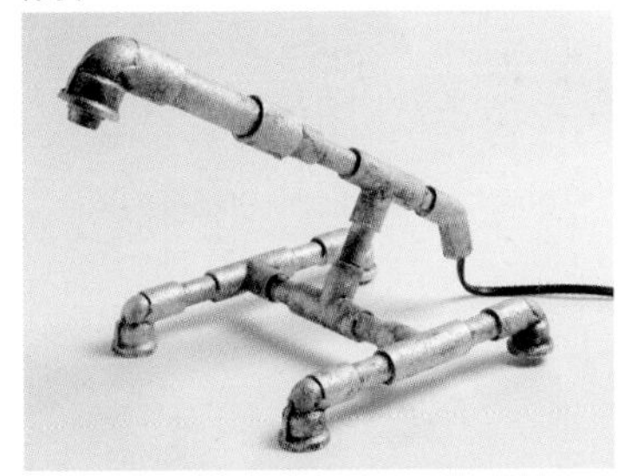

這是擦掉黑色乳膠漆後的狀態。

Point 連結電線時，為了避免漏電、請務必使用絕緣蓋，並用壓接鉗子確實地固定在電線上。只用絕緣膠帶綑綁處理的話，恐怕會有斷線等可能。

25.

角落或凹陷處殘留著黑色，呈現出陰影感。

26.

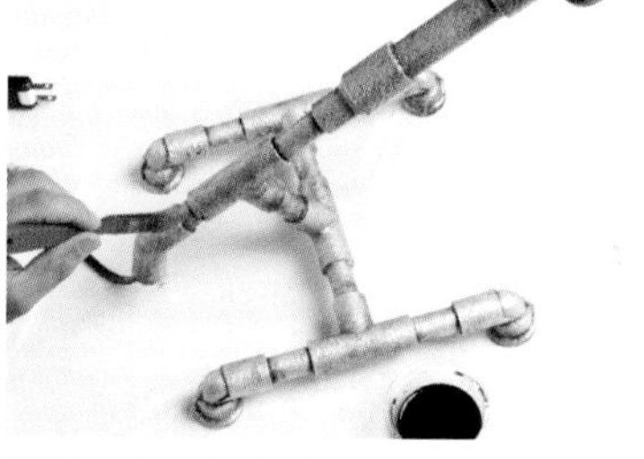

塗抹油性著色劑於表面全體。

27.

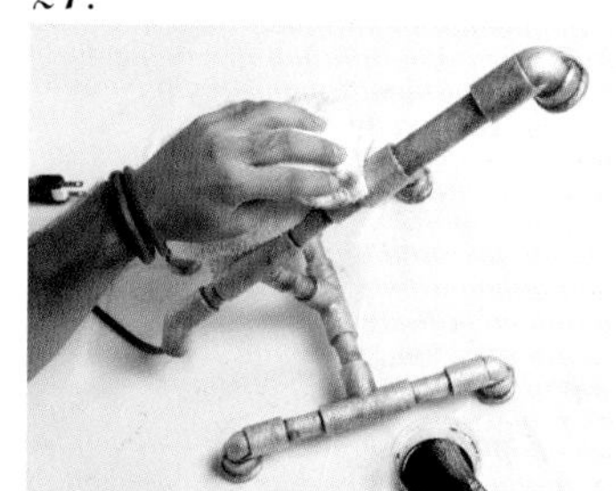

馬上用乾布擦掉。

Finish!

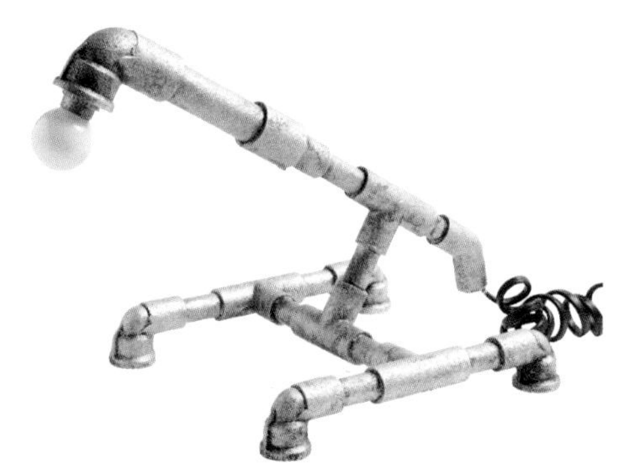

{ 改造的物品⑥ }

茶葉箱變身成墨西哥風百寶箱

作為腳架使用的是樓梯欄杆用的木棒，
上面的百寶箱是用古老的茶葉箱塗裝而成的。
運用一些出人意外的材料，
改裝成充滿異國風情的百寶箱。

Before

用鮮豔的塗料重複塗抹而成的70年代墨西哥風百寶箱

這個房間的主角是，用淡藍色塗裝而成的墨西哥風百寶箱。正如其名，它是放置在床邊用來收納毛毯用的。

墨西哥風的百寶箱現今是以自然的顏色為主流，但在1970～80年代所作的百寶箱，則是以鮮豔色調風格為主流。圖中的百寶箱，就是重複交錯塗了2、3次而呈現出來的。

茶葉箱是具防潮效果的優良收納箱，也是我認為最適合用來改造的物品。中古的茶葉箱在二手商店就可以買到，請您務必試著尋找看看。

完美地變身，讓人看不出它原來是茶葉箱。平常也可以用來擺放檯燈或自己喜歡的書。

Detail

圖中細微的裂縫、邊角塗料剝落的樣子以及露出來的咖啡色、象牙色底漆，使它更具有真實感。作為把手使用的是，德國製的古董掛鉤。因為加入了古董的元素，使整個百寶箱的感覺更上一層。

{ 改造的技巧 }

改造物品：茶葉箱(W680×D430×H480㎜)

材料與工具：1古董把手1個／六角型螺絲&螺帽(35㎜)1個／螺絲A(35㎜)12個／螺絲B(60㎜)32個／螺絲C(10㎜)12個(蝴蝶鍵片用)／柱腳A(38㎜×38㎜×570㎜)4根／橫柱B(38㎜×38㎜×580㎜)1根／木材A(38㎜× 38㎜×325㎜)2根／木材B(38㎜×89㎜× 580㎜)2根／木材C(38㎜×89㎜×325㎜)2根／木材D(700㎜×89㎜×19㎜)2根／木材E(405㎜×89㎜×19㎜)2根／六角型螺絲&螺帽(35㎜)1個／蝴蝶鍵片(50㎜)2個／古董把手1個／木屑

工具：電動起子／鑽頭(5㎜)／砂紙(細)／鋸子／針眼錐／木工用接著劑／刷毛(乳膠漆用、仿古漆用)／乾布(乳膠漆用、仿古漆用)

塗料：乳膠漆(黑色、淡藍色、象牙白色、暗紅色)／龜裂漆／仿古漆

使用Old Village廠牌的塗料時：
Black Dressing Table Blue
Corner Cupboard Yellowish White
Child' s Rocker Dark Red
All cracked up
Brown Graining/Antiquing Liquid

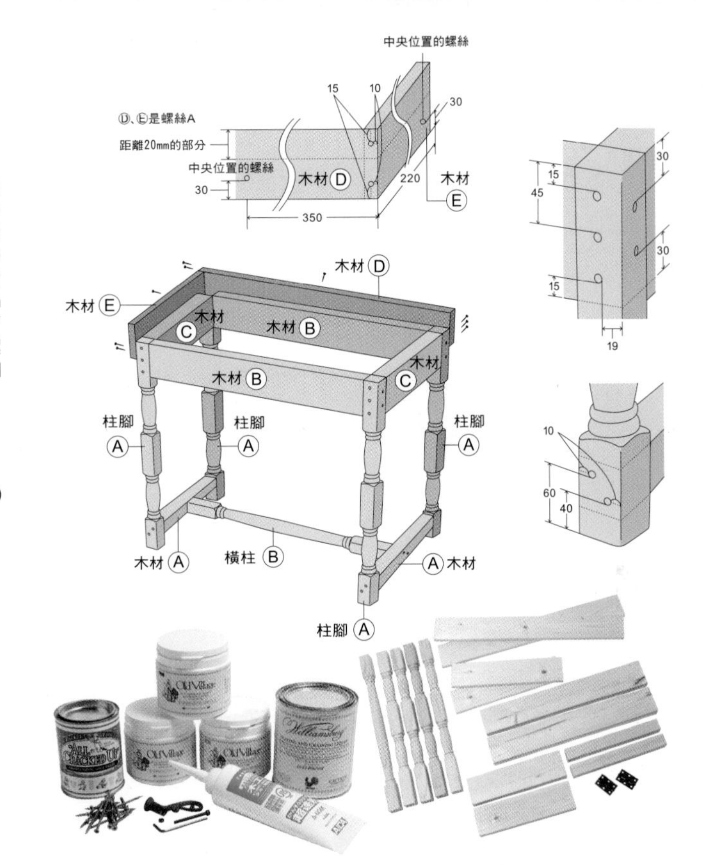

1.

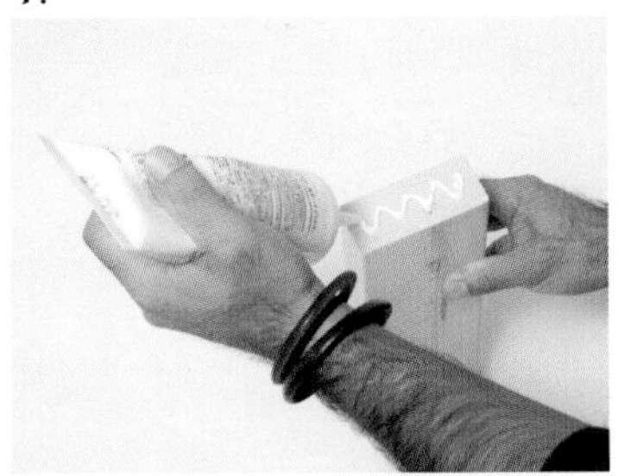

為了要放上茶葉箱，必須先製作腳架。在木材C的側面塗上木工用接著劑。

2.

從柱腳材A側釘上螺絲B，以連接木材C和柱腳材A。

3.

決定步驟2中固定木材A的位置。在距離柱腳材30㎜的位置做記號。

4.

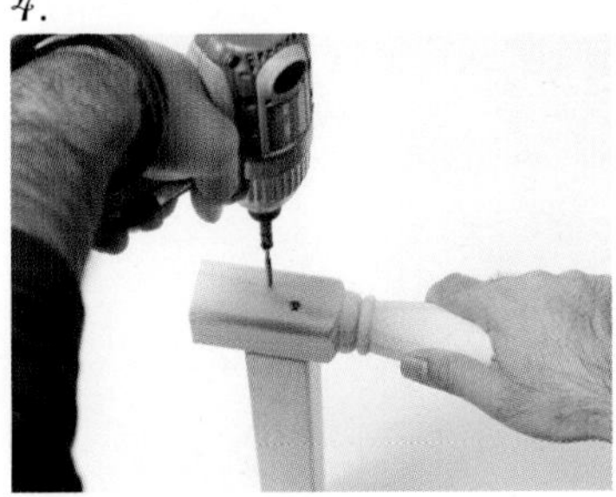

在步驟3中做記號的位置，以螺絲B來固定木材A。

5.

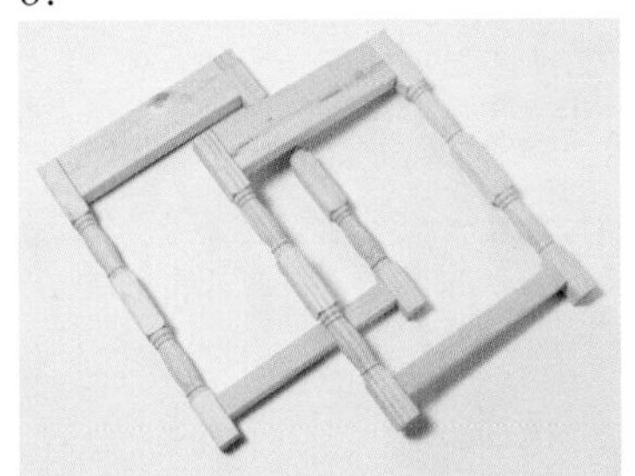

這是木材A固定好的狀態，那麼腳架的側面部分就完成了。

6.

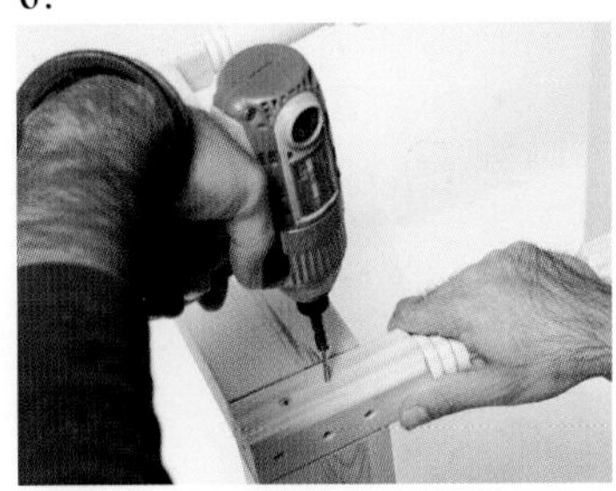

用螺絲B從步驟5中組裝完的側面來固定木材B。

7.

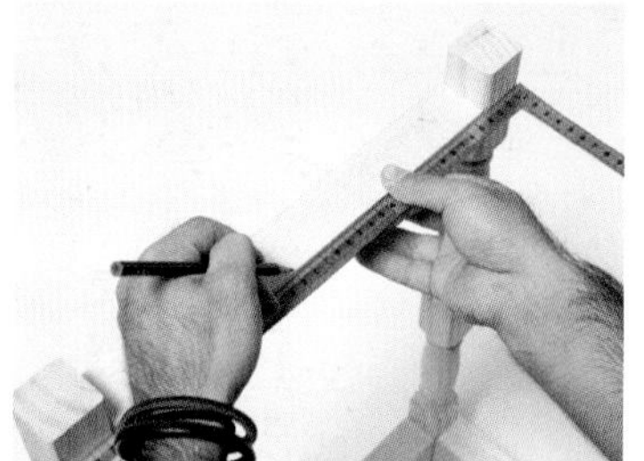

兩根木材B都釘上後，為了固定橫柱材B、在木材A的中央做上記號。

8.

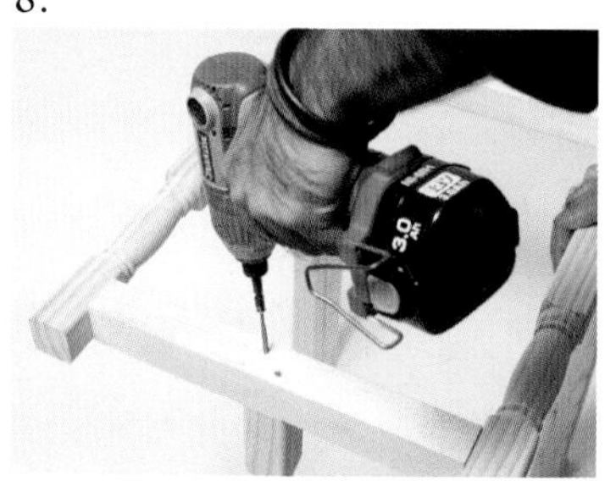

在步驟7做記號的地方，用螺絲B固定橫柱材B。

9.

用螺絲A、從另一側將木材B及橫柱材B固定住。

10.

這是腳架組裝好的樣子。

11.

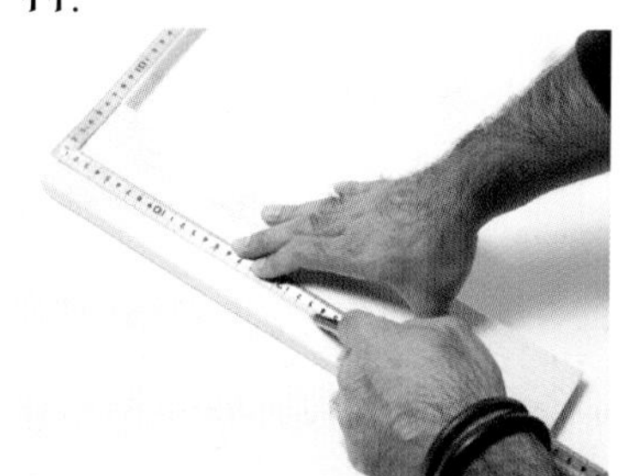

在距離木材D、E長邊20mm處畫線。

12.

用螺絲A將木材E固定在距離木材C上方20mm處。

13.

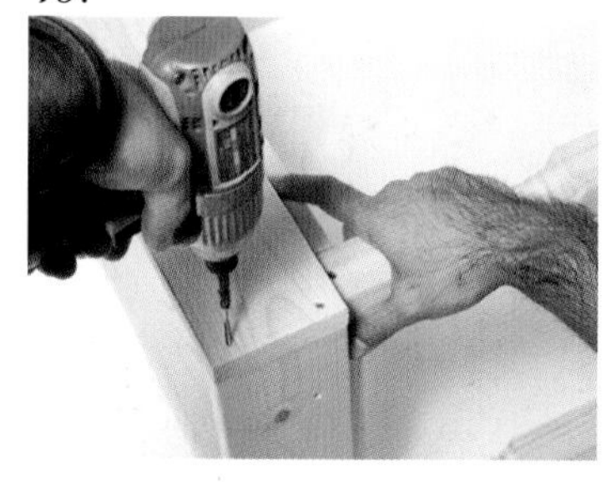

用螺絲A將木材D固定在木材B上。

14.

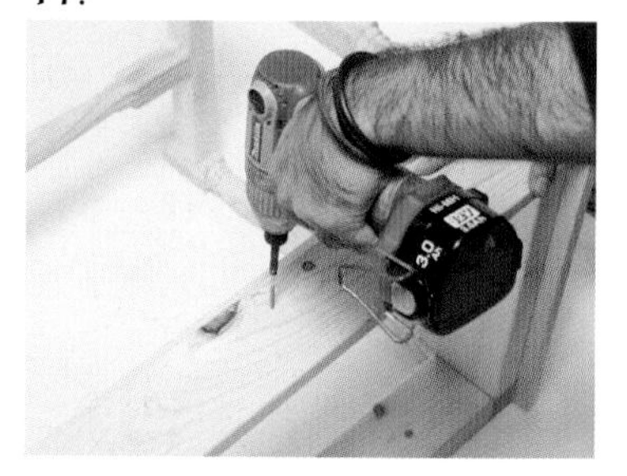

用螺絲A將木材D也固定在木材B的中央處。

15.

木材D、E都固定在外框後，用砂紙打磨外框的邊角。

16.

整個腳架都塗上深咖啡色的乳膠漆並風乾。

17.

塗上象白色乳膠漆。將刷毛豎立，隨機地以點觸的方式來上漆也可以。

18.

象牙白色乳膠漆乾燥後，再整個塗上龜裂漆。

19.

全體再塗上淡藍色乳膠漆。

20.

為了在茶葉箱上加上蝴蝶鏈片，在箱子及蓋子距離兩端長邊100mm的位置上做記號。

21.

將蝴蝶鏈片固定上並注意使它與蓋緣平行。

22.

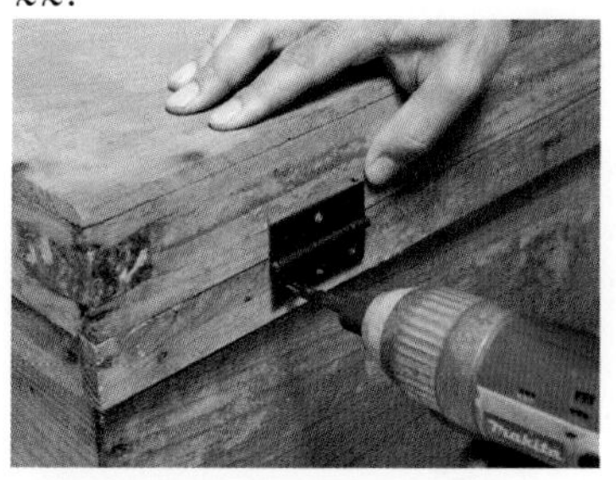

用螺絲C將蝴蝶鏈片固定在茶葉箱與箱蓋上。

23.

這是左右兩端加上蝴蝶鏈片後的狀態。

24.

用深咖啡色乳膠漆塗抹整個茶葉箱。

25.

塗上象牙白色乳膠漆。將刷毛豎立，
隨機地點觸塗抹也可以。

26.

這是象牙白色乳膠漆塗裝後的樣子。

27.

乳膠漆乾燥後，整體塗上龜裂漆並風
乾。

28.

整體塗上淡藍色乳膠漆並風乾。

29.

龜裂漆的塗裝效果使得淡藍色乳膠漆
出現裂痕。

30.

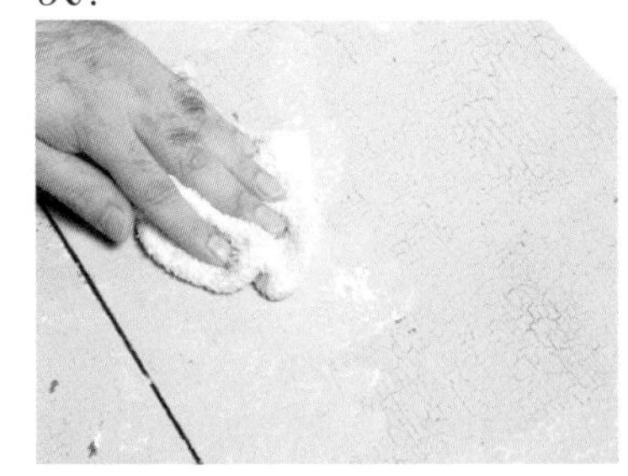

想要大大地剝落塗料的地方，就用濕
布輕輕地擦拭以剝掉塗料。

31.

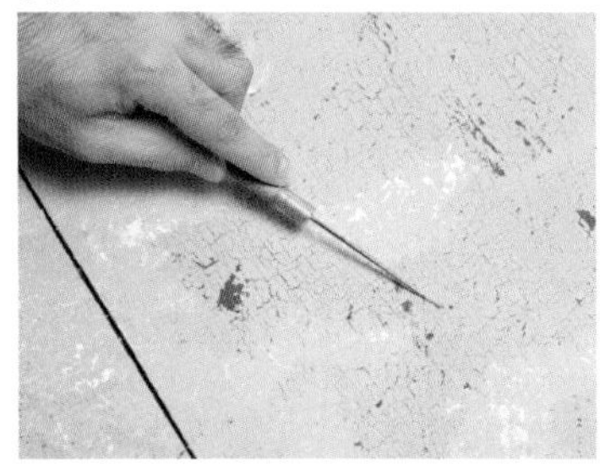

只想剝掉一點塗料的地方，就用針眼
錐一點一點地剝掉。

32.

用砂紙打磨邊角來呈現出仿舊感。

33.

剝落塗料至自己喜歡的狀況，並在整
個茶葉箱與腳架上塗上仿古漆。

Point

做成腳架的木材B～E的尺寸，和茶葉箱雖是相同的大小，若在加工的過程中產生誤差的話，茶葉箱就無法放入外框。所以，木材B～E可以做得比記載的尺寸長1～2.5㎜左右。整體只大5～10㎜的話，對上下組合後的視覺上沒有影響。

34.

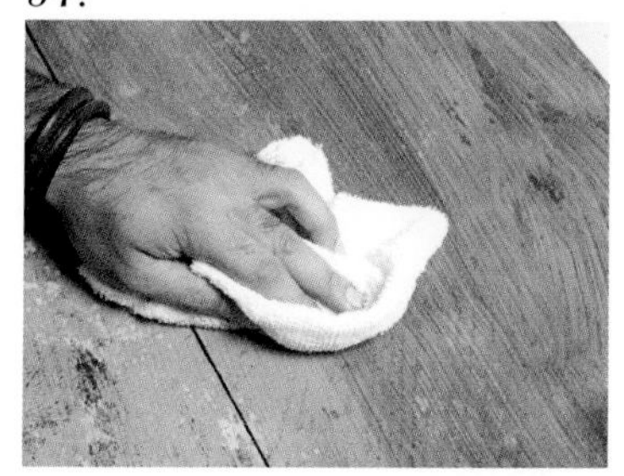

馬上用乾布擦掉。

35.

在茶葉箱上鎖上仿古把手。在箱蓋上下左右的中心畫上記號。

36.

用電動起子將5㎜的鑽頭在做記號的位置開洞。

37.

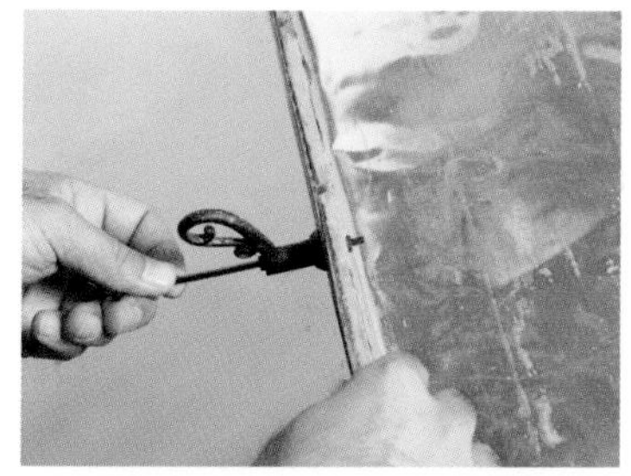

用六角形螺絲將仿古把手固定在箱蓋上。

38.

為了將六角形螺絲固定在箱上，先在要鎖的位置上做記號。

39.

對準步驟38作記號處、距離上方40㎜深的位置鋸V字型。

Finish!

{ 導覽伊波製④ }

The shop was built
一手打造的髮廊

咋看下，這裡是聖塔菲嗎？
還是墨西哥？
這裡是稍微能感受到異國風情的小小髮廊。

感受異國般風情和開放感的空間

這裡是曾經和我一起打造Calme、『BIG COUNTRY』的根本小姐所協助我一同打造的髮廊。將灰泥厚厚地塗在原來就有的30年木造房外壁，再用塗料加工來呈現老舊感。店裡的牆壁也塗上灰泥，並用加入石灰的水性塗料來塗裝。拆掉天花板使樑柱外露的作法，讓整個空間即使不大、但卻具有開放感。因為是我幫忙打造的空間，希望在這個空間剪髮的客人也能產生些許羨慕的感覺。

左圖：等候處。上圖：窗戶是用六角形螺絲栓上鐵板而成，螺帽的角改造為鉚釘風。右圖：以砂岩堆積而成，並於中間種植植物。

864
17

店內紅色的門是合板製品。將木板塗上加入石灰的塗料、釘上半圓釘，然後再用裝飾條來加工。作為門把的不鏽鋼扶手，則是利用能呈現生鏽感的特殊塗料來改造成黃銅色。

＊店面資訊請參考p.173。

Style of work

伊波製的風格

這些可能是被丟棄命運的家具們，
在佇立於橡木下的小小工房裡，
變身為重生家具或雜貨。
伊波流的物品改造就在這裡。

為了製作出伊波製的突破①

製作的原點
從收集廢棄物開始

從孩童時代起就會在路邊收集廢棄物，
到驚覺它們可以用來進行改裝的伊波先生。
從慢慢地、天真地、然後變成沉迷於其中，
今天伊波先生也在被樹木包圍的小小工房中，
改變了這些廢棄物的命運。

從小學時代開始
就沉迷於改造物品

我開始改造物品是在小學時代。那時候我非常熱衷於收集廢棄物，放學後，在回家路上一邊收集掉落在路上的物品，是我每天的功課。所以我的背包裡，也都是撿來的廢棄物。等到收集到了一定程度，我就會把它們組合起來作成一樣「東西」。我把撿來的馬達和燈泡連結起來，邊玩邊摸索讓燈泡發亮了。

中學時代開始，我就轉為熱衷於木工作業。像是做了張椅子並用油漆塗裝，以及製作父親所經營的園藝店看板等。從17歲開始我就在父親的店裡幫忙，一邊替幼苗澆水、一邊移盆種植，然後也持續進行著木工作業。

然後到了18歲，我和進口古材及乳膠漆這種塗料相遇了。這對完全不了解古材流通販賣的我來說，是一項文化衝擊。從此之後，我不但沉迷於木材，然後對樹木也開始產生興趣，而圖鑑也就成了我最愛閱讀的書籍。正因為對樹木產生了興趣，進一步也想近距離感受花草的存在，所以對父母所種植的花花草草也開始充滿幹勁。

若要自己製作盆栽的話，首先一定要有進行裝飾花器的作業台，於是我做了許多椅子或箱子。然後每到休假日，我就到海邊去撿廢棄物⋯⋯。結果，到今天我還是在做跟小學時代一樣的事情。

某一天，接待客人的媽媽對我說「客人想要英吉做的箱子」，所以我就把箱子送給那位客人。但是過不久，又被別的客人要求想要我作的椅子，此時媽媽便提議，『要不要賣他呢？』。雖然我不知道媽媽用多少錢賣給那位客人，但是那位客人確實買了我做的椅子。我真的非常高興，比起賣掉椅子、更令我開心的是自己做的椅子能讓人說出「想要擁有」。之後，因為有了媽媽一句「認真地製作物品來販賣」這樣的鼓勵，於是我就開始認真地收集各樣工具、也開始嘗試製作各式各樣的東西。

THE OLD TOWN
THE OLD TOWN

WHISTLE
WHISTLE

तार
TELEGRAMS
तार
THE OLD

{ How to make Iha style }

為了製作出伊波製的突破②

製作從模仿開始

由重現這種想法
衍生出的仿古技巧

我在製作物品時，並沒有要做出個新東西的想法，甚至我覺得模仿也可以。從以前我就一直有著想要重新做出某個老舊的東西、老舊的家具或者是重現生鏽金屬感覺的想法。一邊想著到底該怎麼做才能做出這種感覺、一邊嘗試各種實驗，這是過程中最開心的體驗。

我會在家具或容器的塗裝中使用生石灰，是因為義大利的照片。義大利的阿貝羅貝羅(Alberobello)區或希臘的街道為什麼會白白的？為什麼塗在容器上的塗料厚厚的？又為什麼要呈現這種褪色的風格？於是我開始思考身邊的東西是不是也能製作出這種感覺。在這時候，我得知歐洲的石頭大多是石灰質。啊！原來是石灰！使用石灰說不定會很有趣哩。然後我開始實驗用加入生石灰的塗料來塗裝，於是便成了我現在的風格。

『THE OLD TOWN』是在我24歲時開始的。在開始的兩年前，我透過不動產仲介不斷地尋找土地，而終於找到吻合我條件的就是現在的地方。這裡是沒有電、沒有水也沒有路的叢林，我借了重型機具來造路、伐木、整地、打造建物……。從朋友和家人身上得到幫助的同時，實際作業則是我和現在在我店裡幫忙的haruka小姐兩個人、花了半年時間打造的。

只要是我中意的「東西」也好、衣服也好、食物也好，我都不會輕易放手，我的個性是會堅持原則的類型。這點在商品方面雖然是相同的，但是開店時，要是碰到相同的商品，那麼我就會開始在意。在商品賣掉前欣賞它，然後等到想要它的人出現再賣掉就好，我是這麼想最近，我過於堅持仿古這件事，但最後也還是會漸漸調整成剛剛說的那種心情。

現在，我最感興趣的是銲接以及用鉚釘固定鐵板的鉚接。上述兩種都是用現在的熔接技術來呈現以前的工法。我很想以這個技巧為中心，來嘗試鐵和木頭的組合。雖然到目前為止我都是以塗裝為中心，但今後我覺得可能會變成以「製作物品」為目標。

為了製作出伊波製的突破③

時間越久越有味道的再生家具

藉由重新製作來改造成想要一直使用的家具

我在買東西的時候非常慎重，即使是覺得這用在店裡會不錯的東西，也不會馬上就買，我會頻繁地進出那家店。基本上我是以不丟棄一直使用、或者是選擇用來加工的東西這樣的觀點來判斷，然後謹慎地思考材質或設計如何、只要稍微加工就可以使用、還是分解它作為零配件使用……等等。如果，你現在手邊有想要丟掉的家具的話，我希望各位能用相同的觀點來嘗試改造。上色、和其他東西組合、貼上什麼東西或者是釘上什麼東西，請務必好好地珍惜這些浮現在您腦海裡的想法。覺得把家具分開再重組很麻煩的話，那麼在丟掉前請先試著重新上漆一次吧！只要印象改變的話，也會有覺得意外地變得不錯的東西。

本書中所介紹製作的家具，認真來說並不是完成品。這些都還只是基本的樣子，然後您可以享受家具接下來變化風格的樂趣。作為底漆的顏色，明明無法被看見卻還重覆塗了好幾次，也許您會覺得這是無聊又浪費時間的工程。但是，在使用的過程中，底漆的顏色一定會漸漸地透出來。這樣的變化，也許才是改造再生家具最大的樂趣也說不定呢！

Café, art shop, studio

CHUM APARTMENT

料理的美味大受好評，讓人願意大排長龍的人氣咖啡廳。老闆是知名女演員chiharu小姐，店內也販賣許多高質感的雜貨。另外也因為常舉行文化教室，而成為話題。

data

153-0064 東京都目黑區下目黑2-23-3 tel.03-3490-2921 fax.03-5856-7067
email：café@chum-apt.net www.chum-apt.net 營業時間／週一～六12：00～24：00、週五～六24：00～BAR、週日12：00～18：00 固定公休／無

Gardening shop

Calme

從花苗到仿古雜貨、店內擺放了各式各樣的商品，是間讓人感到愉悅興奮的園藝店。靜靜地站立在住宅區的這間店，是由內行人口耳相傳的人氣小店。

data

286-0048 千葉縣成田市公津の杜1-1-16 tel.0476-28-7659
營業時間／11：00～19：00 固定公休／每週四

Hair salon

Chair

開放感十足的挑高天花板、讓人感到溫暖的聖塔菲(santa fe)式內裝，帶來了悠閒的氛圍。這裡是能讓人度過一段幸福時光的空間，是當地受注目的人氣髮廊。因為採完全預約制，出發前別忘了先電話確認。

data

286-0204 千葉縣富里市大和804-2 tel.0476-85-6964
營業時間／10：00～22：00 固定公休／無固定公休、完全預約制

handmade faniture, plants & pant pot, antique goods

THE OLD TOWN

本書作者伊波先生的工房＆店面。在這裡可以購買伊波先生所製作的桌子、椅子等家具或室內裝飾小物、盆栽、花器及各種仿古雜貨。大型家具無現貨，限訂製。

data

285-0926 千葉縣印旛郡酒井町本佐倉413 tel＆fax.043-497-0666
營業時間／11：00～18：00 固定公休／每週一
www.yoseue.com/oldtown.html

Epilogue

{ 給喜歡這本書的各位讀者 }

我由衷感謝從書架上拿了這本書閱讀的各位讀者。
若本書能成為您嘗試手作的契機、或者是製作物品時想法的來源，
那麼實在是一件很開心的事。

改裝上有些比較特別的類型及技巧，
從基本的塗裝為首、也有較為複雜的作業。
即使一開始您是從模仿他人的方法來進入，
接下來您一定會有自己作業上的小秘訣，
我希望各位都能夠將作品改裝成自己喜歡的風格。
做出屬於自己的原創風格！
希望大家都能開心地體會改裝使物品重生的樂趣，
自己拼拼湊湊也是一種樂趣呢！

創作的可能性是，無限大。
漸漸地、漸漸地延伸擴大，
二手物品也好、廢棄物也好、甚至是垃圾（雖然有點髒），
只要發揮你的想像力，就能化身為夢想和希望！
我就是抱持著這種想法，
不斷地找尋對別人來說也許是垃圾也說不定的素材，
然後改造它、使肉眼看不出來它原來的面貌。

最後，希望各位今天、明天都有很美好的一天 ——
伊波英吉

PROFILE

伊波英吉

1982年出生、沖繩縣人。
曾任職於園藝店『七栄グリーン』，2006年獨立後成立了『THE OLD TOWN』，製作花藝器材、盆栽、原創家具及生活用品、在chiharu小姐所經營的『chum apartment』也能發現伊波先生所製作的生活用品或家具。

TITLE

匠心獨具！懷舊風木工傢俱改造

STAFF

出版　三悅文化圖書事業有限公司
作者　伊波英吉
譯者　徐亞嵐

總編輯　郭湘齡
責任編輯　林修敏
文字編輯　王瓊苹　黃雅琳
美術編輯　李宜靜
排版　六甲印刷有限公司
製版　明宏彩色照相製版股份有限公司
印刷　桂林彩色印刷股份有限公司
法律顧問　經兆國際法律事務所　黃沛聲律師

代理發行　瑞昇文化事業股份有限公司
地址　新北市中和區景平路464巷2弄1-4號
電話　(02)2945-3191
傳真　(02)2945-3190
網址　www.rising-books.com.tw
e-Mail　resing@ms34.hinet.net

劃撥帳號　19598343
戶名　瑞昇文化事業股份有限公司

本版日期　2014年1月
定價　380元

ORIGINAL JAPANESE EDITION STAFF

装幀・本文デザイン　白畠かおり
撮影・取材・文　平沢千秋
図面制作　灰田文子
編集　篠谷晴美

協力　株式会社ビビッド ヴアン
〒530-0041 大阪府大阪市北区天神橋2-2-24-501
tel：06-6242-0148　fax：06-6242-0137
e-mail：vivid_van@mvj.biglobe.ne.jp　http://vividvan.co.jp

special thanks：haruka、BIG COUNTRY、金城明一

國家圖書館出版品預行編目資料

匠心獨具！懷舊風木工傢俱改造／伊波英吉作；徐亞嵐譯.
-- 初版. -- 新北市：三悅文化圖書，2012.04
176面；18.8x25公分
譯自：スクラップメイドのインテリア：不要品を捨てずにみがく、エイジング加工でもの作り

ISBN　978-986-6180-99-6（平裝）

1. 木工　2. 家具製造

474.3　101005071